동고비와 함께한 80일

김성호 교수의 자연 관찰일기
동고비와 함께한 80일

초판 1쇄 발행일 | 2010년 5월 3일
초판 5쇄 발행일 | 2020년 11월 20일

지은이 | 김성호
펴낸이 | 이원중

펴낸곳 | 지성사 **출판등록일** | 1993년 12월 9일 등록번호 제10-916호
주소 | (03458) 서울시 은평구 진흥로 68(녹번동) 정안빌딩 2층(북측)
전화 | (02) 335-5494 팩스 | (02) 335-5496
홈페이지 | www.jisungsa.co.kr 이메일 | jisungsa@hanmail.net

ⓒ 김성호, 2010

ISBN 978-89-7889-217-9 (03490)

잘못된 책은 바꾸어드립니다. 책값은 뒤표지에 있습니다.

이 도서의 국립중앙도서관 출판시도서목록(CIP)은 e-CIP 홈페이지(http://www.nl.go.kr/ecip)에서 이용하실 수 있습니다. (CIP제어번호: CIP2010001403)

김성호 교수의 자연 관찰일기

동고비와 함께한 80일

김성호
글과 사진

지성사

가난한 목수의 아내로 평생을 사시며
3남매를 키워내는 것이
여느 집 8남매 키우기만큼이나 고단하였을
어머님께 이 책을 바칩니다.

| 추천의 글 |

생명의 경이로움이 묻어나는 80일간의 기록

박진영

국립환경과학원 연구관, 『새의 노래, 새의 눈물』의 저자

김성호 교수님과의 첫 만남도 벌써 2년이 지났습니다. 그때 김 교수님은 큰오색딱따구리를 50일 동안 관찰한 이야기를 들고 저를 찾아오셨습니다. 그때까지 국내에는 조류의 번식 과정을 하루도 빼놓지 않고 날카롭고 분석적인 시각으로 관찰한 생태 이야기가 없었기 때문에 더욱 큰 감동을 받았습니다. 이 관찰 기록을 바탕으로 만들어진 책 『큰오색딱따구리의 육아일기』는 감히 '책으로 엮어낸 국내 최초의 자연 다큐멘터리'라고 불러도 손색이 없다고 느꼈습니다.

그로부터 2년 후, 큰오색딱따구리 이야기에서 느꼈던 감동의 여운이 남아 있는 저에게 얼마 전 김 교수님은 동고비에 관한 2년간의 관찰 이야기를 들고 다시 찾아오셨습니다. 큰오색딱따구리를 관찰했던 노하우를 바탕으로 체계적이고 업그레이드된 교수님의 글을 읽으며 그동안 관찰을 통해 얻은 내공이 이제는 대단한 경지에 오르셨음을 느낄 수 있었습니다. 사실 야생 조류를 하루 종일 관찰하는 것은 조류

의 생태를 이해하기 위한 가장 좋은 방법입니다. 그렇지만 이런 방식의 연구나 관찰은 전 세계에서도 극소수의 사람들만이 시도할 뿐이며, 국내에서는 이런 방식의 관찰 결과를 거의 찾아볼 수 없습니다. 이런 방법을 시도하는 사람이 많지 않은 것은 그만큼 힘이 들기 때문입니다. 실내가 아닌 야외에서, 새벽부터 저녁까지 오로지 새에서 눈을 떼지 않고 관찰하는 것은 보통 사람의 경우 2~3일도 지속하기가 버겁습니다. 단 1~2주라도 이런 방식의 관찰을 할 수 있다면 참 대단한 인내심과 체력을 가진 사람일 것입니다. 적어도 제 경험으로는 그렇습니다. 그런데 이번에 김 교수님은 동고비의 번식 과정을 무려 80일이 넘는 긴 기간을 관찰하고도 부족해서 다음 해에 번식 과정을 다시 관찰하는 고행(?)의 길을 걸으셨다고 합니다. 단순히 새에 대한 관심, 인내심과 체력으로 설명할 수 없는 무언가가 김 교수님을 단단히 미치게 했던 것 같습니다.

동고비는 우리나라 전역의 숲에서 어렵지 않게 만날 수 있는 흔한 새입니다. 그런데 아직까지 국내에서는 본격적인 연구의 대상으로 다루어지지 않은 종으로, 딱따구리의 옛 둥지를 이용하여 번식을 하는 습성이 있다는 것 말고는 딱히 알려진 것이 없는 실정입니다. 그만큼 조사하고 연구하는 것이 쉽지 않은 대상이란 뜻입니다. 저도 개인적으로 새를 20년 넘게 관찰하고 조사하는 일을 하고 있지만 동고비의 번식 생태에 대해 알고 있는 바가 별로 없습니다. 그런데 이 책을 읽으며 새롭게 알게 된 동고비의 생태가 너무 많았습니다. 버려진 것처럼 보이는 나무 구멍 12개의 관찰에서 시작된 동고비의 전체 번식 과정에 대한 이야기와 풍부한 사진 자료를 보노라면 마치 이들이 살아가는 과정이 눈앞에서 펼쳐지는 듯합니다. 딱따구리가 번식에 사용했던 둥지를 다음 해에 차지하기 위해 여러 마리의 동고비가 다투는 과정, 번식 전 과정에서 암수가 나누었던 역할 분담, 자신의 몸 크기에 맞추어 출입구를 좁히기 위해 진흙을 옮기는 과정과 시기에 따라 변화하는 재료, 둥지 바닥에 깔기 위해 물어 나르는 나뭇조각, 육추(育雛, 새끼 기르기)를 위해 먹이를 운반하는 과정 등 오랜 시간 관찰하지 않으면 도저히 알 수 없는 이야기들이 흥미롭게 펼쳐집니다. 둥지의 경계를 서던 놈이 잠시 자리를 비운 사이 둥지를 기웃거리던 곤줄박이와 일전을 치른 동고비는 배우자의 행동에 대한 경고의 의미인지 날개를 펼치고 춤을 추듯 몸을 좌우로 흔드는 동작을 합니다. 이런 행동이 어떤 의미를 담고 있는지 명확히 알려져 있지는 않지만 야생에서 동고비를 관찰하며 흔히 볼 수 없었던 동작이기에 사진을 한동안 유심히 보았습니다.

동고비 암수가 협력해서 새끼 동고비 8남매를 키우며 헌신하는 번식 과정은 우리에게 깊은 감동을 주기에 충분합니다. 암수가 하루에 평균 240회나 먹이를 새끼에게 전해주고 매일같이 24킬로미터를 비행해야 한다는 추정은 단순한 사실의 관찰이나 발견에 앞서 부모 새의 엄청난 수고, 노동, 사랑 없이 8남매를 성공적으로 키울 수 없음을 보여줍니다. 번식이 후반부로 향해가며 어미 새는 깃털을 다듬을 최소한의 시간마저 8남매를 위해 투자합니다. 당연히 어미 새의 깃털 상태는 점점 초췌해집니다. 새에게 있어 깃털은 비행을 위한 도구이며 옷의 역할도 합니다. 깃털의 상태가 완벽해야 잘 날아다닐 수 있고, 보온이나 방수도 잘 되기 때문에 깃털의 상태는 생존과 직접적인 관련이 있습니다. 그렇지만 번식이 진행되며 새끼들에게 좀 더 많은 먹이를 전해주기 위해 자신을 위한 최소한의 투자에도 인색한 어미 동고비는 우리에게 많은 교훈을 줍니다.

이 책에는 동고비뿐만 아니라 숲에 사는 다양한 새들이 등장합니다. 동고비가 차지한 둥지에 관심을 보이던 오색딱따구리, 큰오색딱따구리, 쇠딱따구리, 진박새가 그 주인공들입니다. 숲에 나무 구멍은 흔치 않고 나무 구멍에서 번식을 희망하는 새가 많다 보니 이런 모습이 연출됩니다. 동고비 수컷이 침입자들을 하나씩 물리치는 장면은 흥미진진합니다. 오목눈이가 새끼들을 키우는 장면에서 이들이 새끼 4마리를 키우기 위해 1만 마리의 곤충을 잡아먹고 이를 통해 숲이 건강하게 유지된다는 이야기도 시사하는 바가 큽니다. 건강한 숲을 지키는 숲의 파수꾼으로서 새의 역할과 중요성을 잘 보여주고 있기 때문입니다.

자연생태계에서는 무엇 하나도 우연히 된 것이 없고 아무렇게나 된 것이 없듯이 동고비가 하는 각각의 행동이 갖는 의미를 해석하는 것도 이 책을 읽는 큰 재미입니다. 김 교수님이 현장에서 오랜 시간 관찰하며 제3자의 입장에서 최대한 객관적이고 논리적으로 해석하지만 이 책의 어디에서도 독자에게 이런 해석을 강요하지 않습니다. 자연에서 벌어지는 일들이 수학 문제처럼 정확하게 하나의 답으로 결정되지 않는 것처럼 이 책을 읽다 보면 독자들이 자유롭게 해석할 수 있도록 도와주는 눈에 띄지 않는 여유와 배려가 느껴집니다.

요즈음은 새에 대한 책이 꾸준히 출판되고 있고 인터넷을 통해 다양한 자료를 얼마든지 접할 수 있습니다. 제가 어렸을 때에도 이렇게 많은 자료들이 있었으면 얼마나 좋았을까 싶을 정도로 아쉬운 생각이 들 때가 한두 번이 아닙니다. 그렇지만 넘쳐나는 많은 자료들 중에서도 김 교수님이 들려주는 동고비 이야기는 단연 돋보입니다. 자연에 관심이 있는 사람은 물론 자연에 관심이 없는 사람들에게까지 동고비가 살아가는 80일간의 기록은 커다란 감동을 주는 매력이 있습니다. 우리 시대에 자연 이야기를 이렇게 따뜻하고 치밀하게 풀어낼 수 있는, 자연에 단단히 미친 이야기꾼이 있다는 것은 큰 행운입니다. 자연에 대한 따뜻한 시선을 담은 동고비 8남매의 이야기가 자연의 매력을 널리 전파하는 데 큰 역할을 할 것이라 믿습니다.

| 저자의 글 |

한 사람의 삶이 어떠한 모습으로 어디를 향해 갈 것인가 하는 것은 살며 언제 누구를 만나느냐에 달려 있을 것입니다. 그러나 그 누구라는 것이 꼭 사람이 아닐 수도 있다는 것을 알았습니다. 나의 경우는 그렇습니다. 2007년 어느 봄날, 지리산 자락을 더듬다 큰오색딱따구리 한 쌍을 만나게 되었습니다. 만나기 위한 준비는 전혀 없었습니다. 그러나 만났으니 분명 인연이 닿은 것이라 하겠습니다. 그들은 새끼를 키워낼 둥지를 막 짓기 시작하고 있었습니다. 기분 좋은 짧은 만남으로 여기고 그렇게 지나칠 수도 있었겠지만 그들이 새끼를 키워내는 전체 과정을 보고 싶은 마음이 생겼고, 실제 50일 동안 그들과 함께하면서 내 삶은 완전히 다른 모습으로 변하였습니다. 그리고 앞으로 내가 향해가기로 마음먹었던 길도 예전에는 상상조차 하지 못했던 것으로 바뀌었습니다. 새의 번식 일정에 처음부터 끝까지 동행하는 것으로 바뀐 것입니다. 그만큼 그들은 진정한 사랑이 무엇인지를 온전하고도 또렷하게

보여주었습니다.

　해가 바뀌어 지리산 기슭이 다시 봄을 맞으며 어김없이 번식의 계절이 돌아왔습니다. 큰오색딱따구리와의 만남은 우연히 인연이 닿은 것이었지만 어찌 보면 그들이 나에게 다가와준 것인지도 모릅니다. 이번에는 내가 먼저 찾아 나서기로 했습니다. 대상은 동고비로 정하게 되었습니다. 동고비는 계절을 따라 오가는 철새가 아니라 일 년 내내 우리의 땅에 깃들어 사는 텃새로, 숲에서 어렵지 않게 만날 수 있습니다. 하지만 딱따구리의 옛 둥지를 이용하여 번식하는 습성이 있다는 것 말고는 딱히 알려진 것이 없는 새입니다. 딱따구리가 번식을 마친 둥지가 허투루 버려지는 것이 아니라 동고비가 새롭게 단장하여 번식을 치르는 과정은 꼭 보고 닮아 따르고 싶은 자연의 모습이기도 했습니다.

　관찰의 대상을 동고비로 정하기까지 마음이 복잡했습니다. 동고비는 외형으로 암수를 구분하기 힘들다는 것이 가장 큰 이유였습니다. 번식 일정에 있어서 가장 중요한 것은 암컷과 수컷의 역할일 터인데, 암수의 구분조차 어려우니 쉽게 마음을 정할 수 없었던 것입니다. 게다가 동고비는 참새 정도의 크기로, 몸집이 작고 동작마저 상당히 빠릅니다. 눈과 카메라가 제대로 따라가 줄지도 염려스러웠습니다. 하지만 하나씩 추리하고 확인해가는 것도 새로운 도전일 수 있겠다 싶었습니다. 그리고 나의 여정이 아무리 험난해도 저들이 치러내야 할 험난함에는 미치지 못할 것이라는 생각에 마음을 정하게 되었습니다.

　동고비의 번식 일정을 처음부터 보기 위해서는 먼저 딱따구리의 옛 둥지를 찾는 것이 순서였습니다. 대상 지역으로는 미리 봐둔 곳이 있었습니다. 지리산 자락에 자리 잡은, 우리 대학의 교정과 인접하여 이어지는 산책로입니다. 예전에는 남원과 전주를 연결하는 국도의 일부분으로 큰 고개 하나를 넘는 울창한 숲이었지만 터널이 생기며 차량의 소통이 거의 없어지면서 한적한 산책로로 변한 곳입니다. 오가는 시간과 경비를 줄이는 데에도 이만한 곳은 없었습니다. 3.2킬로미터의 산책로를 따라 걸으며 양쪽 가장자리에 심긴 나무를 중심으로 꼼꼼히 살펴본 결과 12그루의 나무에서 딱따구리의 옛 둥지를 발견할 수 있었습니다. 12그루의 나무를 살피는 일은 2월 중순부터 시작했고, 학교에는 이미 한 해 휴직을 신청해놓은 상태였습니다. 동고비가 치러낼 번식 일정을 잠시도 놓치고 싶지 않았기 때문이었습니다. 한 나무에서 30분씩 머물다 이동하는 식으로 동고비를 기다렸으며, 이른 아침에 출발하여 산책로를 따라가고 다시 되돌아오면 어느새 하루가 저물었습니다.

3월의 첫날, 드디어 동고비가 7번째 나무에 모습을 드러내주었습니다. 가장 먼저 동고비 사이에서 둥지 다툼이 일어났고, 둥지의 주인이 결정된 다음에는 청소부터 깔끔하게 마친 뒤 본격적으로 둥지에 대한 리모델링이 시작되었습니다. 둥지가 완성된 뒤에는 알을 낳아 품고, 알에서 깨어난 어린 새에게 먹이를 물어 나르는 부모 새의 길고도 모진 여정이 이어졌습니다. 80일이 되던 날, 그 좁고 답답했을 둥지에서 건강하고 깔끔하게 잘 자란 동고비 8남매가 꼬리를 잇듯 하나씩 둥지를 떠나는 것으로 동고비의 가슴 뻐근한 번식 일정은 끝이 났습니다. 지금도 숲에서 동고비의 노랫소리가 들리면 걸음이 멈춰집니다. 이 순간에도 숲 어딘가에서 건강하게 잘 지내리라 믿습니다.

동고비 가족은 80일에 걸쳐 번식의 모든 과정을 나에게 고스란히 보여주고 떠났지만 나는 그 기록을 잠시 내 속에 가둬두어야 했습니다. 80일을 온전히 저들과 동행하며 둥지 곁에서 직접 지켜본 기록임에는 틀림없습니다. 하지만 암수를 구분하지 못하는 상황에서 많은 것을 추리하고 추정해야 했기에 오류의 가능성을 배제할 수 없었습니다. 한 해를 더 기다려 같은 산책로에서 동고비를 다시 만났습니다. 이미 학교로 돌아와 강의를 하며 관찰한 것이라 군데군데 빠진 시간이 있지만 첫 번째 기록에 대한 확신을 갖기에는 충분하다 싶어 이제 동고비 이야기를 세상에 내놓습니다.

이 책은 동고비 한 쌍이 8마리의 새끼를 키워내는 일정의 처음부터 끝까지를 담은 80일 동안의 이야기입니다. 날마다의 세세한 기록이 있지만 그 내용을 다 소개할 수 없어 번식 일정에 따른 특징적인 행동을 중심으로 더러는 하루의 이야기로, 더러는 며칠 동안의 내용을 하나로 묶어 정리하였습니다. 사진은 빛으로 그리는 그림이라고도 하는데 둥지의 빛 조건이 상당히 좋지 않았습니다. 게다가 번식 일정에 대한 간섭을 최소로 하기 위하여 정면을 피해 옆에서 관찰하였습니다. 또한 새는 무척 작은데 거리는 충분히 두어야 했기에 사진은 모두 필요한 부분을 확대한 것이어서 화질이 좋지 못한 것들이 있음을 널리 이해해주시기 바랍니다.

큰오색딱따구리의 이야기를 세상에 펼칠 때와 나의 바람에는 변화가 없기에 같은 이야기를 해야겠습니다. 이 책을 통해서 우리가 관심의 대상이나 목표가 있을 때 삶은 결국 어떻게 변하며, 무엇을 알기 위해서는 또한 어떠한 과정을 거쳐야 하는지 그 단면이라도 엿볼 수 있었으면 좋겠습니다. 그리고 가끔은 무릎을 더 크게 굽혀 더 가까운 거리에서 들꽃을 바라보고, 날아가는 새가 더 이상 보이지 않을 때까지 눈길로 좇는 마음이 생긴다면 더 이상의 바람은 없습니다.

사진 기술도 부족하고, 글은 더 부족한 사람이 전공도 아닌 새를 대상으로 사진에 글을 다는 일을 두 번째로 하게 되었습니다. 머뭇거릴 수밖에 없는 순간마다 큰 힘이 되어주신 국립환경과학원 박진영 박사님께 진심으로 감사의 말씀을 드립니다. 박진영 박사님은 우리나라 조류학의 명맥을 이어가는 것만으로도 벅찬 일정 중에서 원고를 찬찬히 읽으시며 잘못된 부분을 바로잡아주셨고 추천의 글도 써주셨습니다. 글을 통해 우리의 영혼을 맑게 해주시는 안도현 시인 역시 이번에도 부족한 글을 다 읽으시고 흔쾌히 추천의 글을 써주셨습니다. 동고비를 만난 숲의 지형과 풍경을 글로 표현하기가 퍽 어려웠는데 유현상 님께서 그림으로 잘 표현해주셔서 내용을 보다 잘 이해할 수 있도록 도움을 주셨습니다. 글과 그림 모두 가슴속에 잘 간직하겠습니다. 전남대학교 김종선 박사님은 곤충을 이해하는 데 도움을 주셨고, 신경대학교 정영재 교수와 윤창영 교수는 동고비가 서식하고 있는 숲의 다양한 식물에 대해 정확한 정보를 알려주셨습니다. 감사합니다.

   도서출판 지성사는 외국의 유명 서적을 번역하는 보다 쉬운 일은 하지 않고 우리의 땅에 깃들어 사는 생명체를 소개하는 책을 펴내기만을 고집하는 출판사입니다. 원고 한 줄 없이 동고비의 번식 일정에 대해 책을 내려 한다는 전화 한 통으로 출판을 허락해주신 이원중 대표님께 감사의 마음을 전합니다. 첫 대면을 하는 식사 자리에서 지성사의 모든 가족이 함께 나와 맞아주신 것도 잊지 않겠습니다. 어찌 그리 출판사의 경제에 보탬이 되지 않는 책만 펴내시냐고 물었을 때 선생님은 어찌 그런 일만 골라 하시냐고 반문하신 것도 기억에 남습니다. 아주 부드러운 분이시지만 필요할 때는 매몰차게 책이 나아갈 길을 바로잡아주신 김명희 주간님께 감사하는 마음입니다. 그리고 나는 동고비가 보여준 모습과 들려준 이야기를 사진과 글로 담았을 뿐인데 그것을 예쁜 책으로 만들어주신 김재희 님과 이유나 님을 비롯한 지성사의 모든 분들께도 고마운 마음을 전합니다.

   동이 트기 전인 어두운 시간부터 다시 어두움이 내린 시간에도 나는 숲에 있었습니다. 아무것도 하지 않고 오직 동고비만 만났습니다. 부족한 남편과 아빠도 지나 나쁜 남편이었고 나쁜 아빠였습니다. 새에 단단히 미쳐 휴직까지 한 남편, 아무리 생각해도 예쁜 구석이 있을 수가 없는데 아내는 80일 동안 하루도 빠짐없이 숲으로 도시락을 가져다주었습니다. 이 책이 그 노고에 대한 어설픈 위로라도 된다면 좋겠습니다.

지리산 자락, 동고비가 떠난 빈 둥지 곁에서
김성호

추천의 글 6

저자의 글 10

동고비를 만나야 했던 이유 18

기다림과 만남 24

둥지 다툼과 둥지의 주인 32

진흙을 나르는 동고비 36

은단풍 찻집 44

경계를 서는 동고비 48

나뭇조각 나르기 56

비 오는 날의 동고비 66

새로운 둥지의 모습 74

 81 작은 계곡의 새들

 90 나무껍질 나르기

100 옛 주인의 출현

112 더 작은 새가 문제

117 알 낳기의 시작

123 둥지 아래 풀숲에서는

127 홀쭉해진 암컷

137 알 품기

146 오목눈이 가족은 둥지를 떠나고

155 동고비의 숲에서 흐르는 시간

168 새 생명의 탄생

176 은단풍과 다람쥐

역할 분담 체제의 변화 182
어린 새를 위한 먹이와 어린 새의 배설물 189
좌절의 시간 199
폭우와 동고비 204
손발이 척척 209
둥지의 어린 새소리 217
지친 날갯짓 223
착한 어린 새 232
어린 새의 모습 240
엄마 새가 없는 밤의 둥지 244
동고비 8남매 253
다시 만난 동고비 272

동고비를 만나야 했던 이유

생명은 그 무엇이라도 이미 그 자체로 더 이상 아름다울 수 없는 것이라 여기며 살았습니다. 그러나 그 하나의 생명으로부터 다시 그를 닮은 새 생명이 온전히 완성되기까지 있어야 하는 간절함에 대해서는 제대로 알지 못했습니다. 그것은 지금까지 막연하게 생각했던 경이로움과는 또 다른 것이었습니다. 큰오색딱따구리 한 쌍이 새끼를 키워내는 과정을 지켜보며 참 많이 부끄러웠습니다. 나 역시 한 아버지의 아들인 동시에 한 아들의 아버지이기에 더욱 그러했습니다. 큰오색딱따구리 한 쌍은 자신들이 가지고 있는 모든 것을 어린 새들에게 아낌없이 주고 있었습니다. 물론 되돌아오는 것은 아무것도 없었습니다. 자신의 생명을 버려야 하는 위협 앞에서 전혀 머뭇거리지 않는 모습도 보여주었습니다. 이 모든 것이 이미 유전자에

↑ **큰오색딱따구리**는 둥지를 짓고, 알을 품고, 부화한 어린 새에게 먹이를 나르는 번식 일정 전체를 낮에는 암수가 교대하며 치르지만 밤에는 수컷만이 둥지를 지킵니다. 알을 품는 시기에, 밤을 새워 지켜야 할 둥지에 들어가기 전 잠시 숨을 고르는 수컷의 모습입니다. 수컷은 머리 위에 붉은색 털이 돋아 있습니다.

→ 부화한 어린 새에게 먹이를 나르는 시기에 수컷이 교대해줄 시간이 조금 늦어지자 암컷이 고개를 내밀고 수컷을 기다리고 있습니다. 암컷은 머리 위에 붉은색 털이 없습니다.

새겨진 본능이라고 한다면 더 이상 할 말은 없습니다. 하지만 그리 믿지 않기로 했습니다. 그들은 적어도 사랑이라는 것이 어떤 모습이어야 하는지에 대해서만큼은 분명히 알게 해주었기 때문입니다.

↑ 어린 **큰오색딱따구리**의 경우 성체와 달리 암수 모두 머리에 붉은색 털이 돋아 있지만 수컷은 붉은색의 범위가 넓은 것이 특징입니다.

↓ 어린 큰오색딱따구리 암컷은 머리 위에 돋아난 붉은색의 범위가 좁습니다.

어린 큰오색딱따구리 둘째마저 둥지를 떠나던 날은 많이 울었습니다. 부모의 사랑을 제대로 알지 못하고 살았던 것과 아비로서 해야 할 일을 온전히 하지 못하고 있는 것에 대한 죄송함과 미안함의 눈물이었습니다. 그래서 그들은 떠나 다시 오지 않았어도 나는 그 둥지를 쉽게 떠나지 못하고 있었습니다. 그렇게 서성거리기를 몇 달이 지났을 때, 큰오색딱따구리의 둥지가 말벌의 둥지로 바뀌는 것을 보았습니다. 그 모습을 보며 우리가 사는 모습과 달리 자연에 있는 것은 그 어느 것도 허투루 버려지지 않고 온전히 다시 쓰인다는 것을 알게 되었습니다. 그 후로 딱따구리의 둥지만 찾아다녔고, 그 과정에서 번식을 끝내고 비어 있는 딱따구리의 둥지는 딱따구리의 둥지로 끝나는 것이 아니라 나무를 파낼 능력이 없는 다른 많은 생명체에게 더없이 귀한 선물이 된다는 것을 알게 되었습니다.

우선 딱따구리의 둥지는 소쩍새, 큰소쩍새, 그리고 원앙과 같은 텃새들은 물론 늦은 봄 우리나라에 찾아오기에 둥지를 지을 시간조차 줄여야 할 정도로 번식 일정이 빠듯한 파랑새, 호반새와 같은 여름철새에게는 가뭄

← 큰오색딱따구리 가족이 둥지를 떠나고 몇 달이 지난 뒤 큰오색딱따구리의 빈 둥지는 **말벌**의 둥지로 바뀌어 있었습니다. 번식을 마친 딱따구리의 둥지가 허투루 버려지지 않고 다른 생명에 의해 온전히 다시 쓰인다는 것을 알게 해준 계기가 되었으며, 이후로는 딱따구리의 둥지를 이용하는 다른 생명체에 대하여 깊은 관심을 가지게 되었습니다.

← **파랑새**가 어린 새에게 줄 먹이를 물고 둥지에 접근하고 있습니다. 파랑새는 파랑새과의 여름철새로, 주로 딱따구리의 둥지를 이용하여 번식하며, 몸길이는 28센티미터 정도입니다. 먹이를 자주 나르는 편인데, 이를 감추기 위해 먹이를 주고 되돌아서는 과정에서 다양한 비행술을 펼칩니다.

↑ 어린 **파랑새**가 둥지를 떠날 즈음이 되면 먹이를 받아먹기 위해 둥지 밖으로 고개를 내밀고 어미 새를 기다릴 때가 많습니다.

↓ **하늘다람쥐**는 다람쥐 크기의 포유동물로, 다람쥐보다 머리가 둥글고, 귀는 작으며, 눈이 큰 편입니다. 익막이 있어 나무와 나무 사이를 활공할 수 있으며, 이때 넓적하고 평평한 꼬리로 비행 방향을 조절합니다. 야행성이어서 낮에는 주로 보금자리에서 잠을 자고 밤이면 밖으로 나와 나무의 열매와 곤충 등을 먹습니다. 천연기념물 제328호, 멸종위기 야생동물 2급으로 지정하여 보호하고 있습니다.

↓ **호반새**는 물총새과의 여름철새로, 산간 계류 주변에서 주로 서식하며, 몸길이는 23센티미터 정도입니다. 딱따구리의 둥지를 약간 변형하여 번식하는 습성이 있습니다.

↑ **원앙** 암컷이 알을 품기 위해 둥지로 막 들어가려는 순간입니다. 원앙은 오리과의 텃새로, 깊은 산의 계곡이나 저수지가 가까운 숲 속의 활엽수에 생긴 구멍 또는 까막딱따구리의 둥지를 이용하여 번식하기도 하며, 부화한 어린 새는 나무 위 둥지에서 과감하게 뛰어내려 곧바로 물가로 찾아가는 습성이 있습니다. 천연기념물 제327호로 지정하여 보호하고 있습니다.

↑ 어린 **소쩍새**가 둥지를 떠나기 직전 둥지 밖으로 얼굴을 내밀고 있는 모습입니다. 소쩍새는 우리나라 전역에서 번식하는 올빼미과의 텃새로, 몸길이는 19센티미터 정도이며, 딱따구리의 둥지는 물론 나무에 생긴 구멍을 이용하여 번식합니다. 천연기념물 제324호로 지정하여 보호하고 있습니다.

속 단비와 같은 둥지가 되고 있었습니다. 또한 새들뿐만 아니라 다람쥐, 하늘다람쥐와 같은 포유동물에게도 아늑한 잠자리는 물론 새끼를 키울 수 있는 훌륭한 둥지로 이용되기도 했습니다.

그런데 딱따구리의 둥지를 이용하는 새 중에 아주 재미있는 친구가 눈에 띄었습니다. 딱따구리의 옛 둥지를 있는 그대로 사용하는 것이 아니라 제 몸에 맞게 다시 꾸며서 번식을 하는 친구로, 동고비라는 이름을 가진 아주 작은 새입니다.

동고비

기다림과 만남

    너무나 궁금했습니다. 동고비라는 새는 딱따구리의 옛 둥지 입구에 진흙을 발라 공간을 좁힌 후 자신의 둥지로 삼는다는데, 그 과정이 구체적으로 어떻게 이루어지는지 정말 궁금했던 것입니다. 이미 딱따구리의 둥지에 숨겨진 과학과 지혜에 흠뻑 반해 있었기에 더욱 그러했습니다.

    지난해 큰오색딱따구리를 관찰하며 가장 힘들었던 것은 학생들에 대한 미안함이었습니다. 선생이 학생 앞에 서려면 몸과 마음이 맑아야 하는 것은 물론 충분히 준비해야 하는데 그렇지 못한 시간들도 있었습니다. 어느 날은 익히 알고 있는 구조식 하나를 그리려고 칠판을 향해 돌아섰으나 왜 돌아섰는지 기억이 나지 않아 잠시 멍하니 서 있던 적도 있었습니다. 잠을 제대로 못 자는 날들이 이어지며 피로가 쌓이니 고단함이 도를 지나쳐 순간 아무 생각도 나지 않았던 것입니다. 또다시 같은 일을 반복하고 싶지 않아 올해는 휴직을 신청했습니다. 한 해 동안 강의를 쉬는 것도 17년 동안 학생들을 만나며 조금은 느슨해진 간절함을 조이는 데 도움이 되겠다 싶기도 했습니다.

    동고비를 만나려면 먼저 딱따구리의 둥지를 찾아야 하는데, 학교가 지리산 자락에 자리 잡고 있으니 멀리 갈 이유는 없었습니다. 우선 학교에서 이어지는 산책로를 둘러보았습니다. 터널을 통해 새로운 길이 생기며 이제는 잊힌 길이라 오가는 사람도 없고, 지나는 차도 드문 아주 한적한 곳입니다. 산책로 양쪽에 서 있는 나무를 중심으로 딱따구리의 둥지를 찾아 나섰습니다. 길을 따라 3.2킬로미터를 이동하며 살펴보니, 다행히 딱따구리가 번식을 위해 사용했을 법한 둥지가 12개 있었습니다. 딱따구리가 둥지를 튼 나무는 오동나무, 감나무, 플라타너스가 각각 한 그루씩이었고, 은사시나무가 2그루, 소나무는 3그루, 그리고 은단풍이 4그루였습니다. 아직 2월 중순이니 동고비가 벌써 번식 일정을 시작할 가능성은 거의 없지만 그래도 나는 일정을 시작해야 했습니다. 더러 무지하게 부지런한 동고비가 있을 수도 있겠고, 번식 과정을 처음부터 빠짐없이 알고 싶었기 때문이었습니다. 먼저 딱따구리의 옛 둥지마다 30분씩 머물며 지켜보다 다른 둥지로 이동하는 방법을 택했습니다. 그런데 오고 가고를 반복하다 보면 꼬박 하루가 걸렸습니다. 12개의 나무 중 적어도 어느 한 곳에 동고비가 나타나주기를 바라는 마음뿐이었습니다.

    드디어 관심을 보이는 친구가 나타납니다. 어디서 오는 줄도 모르게 휙 날아온 동고비가 산책로 중간 즈음에 있는 7번째 나무의 딱따구리 옛 둥지 앞에서 둥지 안을 슬쩍 들여다본 다음 다른 새들에게서는 볼 수 없는 독특한 자세를 취합니다. 만남을 기다린 지 2주가 지난 3월의 첫날, 점심 무렵입니다.

    딱따구리는 둥지를 지을 때 모두 파 내려가지 않고 입구 정도만 뚫어놓을 때가

↓ 동고비가 나타나기를 기다리며 관찰을 시작한 12군데의 딱따구리의 옛 둥지입니다.

① 오동나무 둥지
② 감나무 둥지
③ 소나무 둥지
④ 소나무 둥지
⑤ 소나무 둥지
⑥ 플라타너스 둥지
⑦ 은단풍 둥지
⑧ 은단풍 둥지
⑨ 은사시나무 둥지
⑩ 은사시나무 둥지
⑪ 은단풍 둥지
⑫ 은단풍 둥지

많습니다. 그래서 겉으로 봐서는 완성된 둥지인지 아니면 그저 입구만 만들어진 것인지 알 길이 없습니다. 그러나 이 둥지는 다람쥐도 유난히 관심을 보이며 드나들던 곳이었으니 딱따구리가 분명 번식까지 치러낸 둥지였을 거라 여기고 있었던 터였습니다.

↑ 드디어 딱따구리의 옛 둥지에 관심을 보이는 동고비가 나타났습니다.

↓ 동고비가 관심을 보이고 있는 둥지는 **다람쥐**가 들락거릴 정도였으니, 입구뿐만 아니라 내부까지 완성된 둥지인 것이 분명합니다.

동고비가 리모델링을 하려는 딱따구리의 옛 둥지는 산책로를 따라 띄엄띄엄 서 있는 은단풍에 지어져 있습니다. 은단풍은 낙엽이 지는 교목으로, 자생지인 미국에서는 40미터까지 키가 크는 꽤 큰 나무지만 이 나무는 25미터 정도입니다. 생장이 빠르고 나무의 전체적인 모습도 아름다워 가구 재료로도 사용하고, 여름에 그늘을 드리울 목적으로 우리나라에는 1900년대 초기에 들어와 공원에 주로 식재되었으며, 가로수로도 많이 심겨져 있습니다. 은단풍과 비슷한 나무 중에 설탕단풍이 있습니다. 설탕단풍의 수액은 와플이나 팬케이크에 뿌려 먹는 메이플 시럽을 만드는 원료로 사용되며, 캐나다 국기에 그려진 단풍잎이 바로 설탕단풍의 잎입니다. 우리나라에 자생하는 나무 중 이른 봄날 수액을 얻는 나무로 널리 알려진 고로쇠나무가 있는데, 은단풍과 설탕단풍도 수액을 얻을 수 있는 나무입니다. 고로쇠나무, 은단풍, 설탕단풍 모두 단풍나무과 단풍나무속에 속하는 서로 친척뻘이 되는 나무이기에 그렇습니다. 지금 산책로에 있는 대부분의 은단풍 밑동에는 중환자실의 환자만큼이나 호스가 여러 개 달려 있습니다. 수액을 채취하고 있기 때문입니다. 동고비가 둥지를 지으려는 은단풍은 나무의 기세가 너무 약해져서 드릴로 구멍을 뚫고 호스를 연결한

↑ 동고비가 관심을 보이는 딱따구리의 옛 둥지를 품고 있는 은단풍의 모습입니다.

다 해도 수액을 얻기 힘들다고 판단한 것인지 바로 옆에 서 있는 다른 은단풍처럼 호스를 줄줄이 달고 있지는 않습니다.

　동고비가 둥지를 짓기 위해 관심을 보인 딱따구리의 옛 둥지는 땅에서 약 10미터 높이에 있습니다. 딱따구리 둥지의 입구는 딱따구리의 종류에 따라 크기와 모양이 다른데, 이 둥지의 입구는 조금 애매합니다. 크기로 봐서는 청딱따구리의 둥지로 보이고, 높이나 형태로 봐서는 큰오색딱따구리의 둥지로 보입니다. 12군데의 관찰 여건이 모두 같을 수는 없는 노릇입니다. 마음속으로 꼽은 좋은 곳 3군데와 나쁜 곳 3군데가 있었는데, 이 둥지는 나쁜 쪽 2위에 해당하는 곳입니다. 동고비는 크기가 작으며, 무척 빠른 데다 암수가 외형으로는 구분조차 되지 않습니다. 또한 관찰과 촬영 여건마저 좋지 않으니 번식 생태를 알아간다는 것이 힘난한 일정이 되겠지만 어쩔 수 없습니다. 시작합니다.

둥지 다툼과 둥지의 주인

　첫 번째 동고비가 나타난 이후로 동고비들이 점점 모여들기 시작하며 둥지를 차지하기 위한 치열한 쟁탈전이 벌어집니다. 많게는 8마리가 보일 때도 있는데, 그 중 가장 강하게 둥지에 대한 애정을 보이며 둥지를 지키는 동고비는 맨 처음 둥지에 관심을 보인 친구입니다. 입구를 딱 차지하고 접근하는 동고비들을 모두 몰아내는데, 때로 공중전이 펼쳐지기도 합니다. 동고비가 내는 소리의 기본음은 '휫' 하는 소리입니다. 그 소리를 더 길게 해서 '휘잇', '휘이잇', '휘이이잇' 소리를 내고 또 그 소리들을 조합해서 내기도 합니다. 가장 긴 소리를 낼 때는 '휘리리리리리리리릿' 하는 소리로 들립니다. '삣'에 가까운 높은음의 '휫' 소리여서 8마리가 한 나무에 모여 소리를 낼 때는 더러 귀가 따갑기도 합니다. 어두움이 내리면 일단 휴전에 들어갑니다. 하지만 그토록 둥지를 지키려 애쓰던 친구도 둥지에서 잠을 자지 않고 어디론가 사라져 나타나지 않습니다.

다음 날 이른 아침, 먼 동쪽 숲에서 '휫 휫 휫 휫' 하는 소리가 들리기 시작합니다. 소리가 점점 커진다 싶을 즈음 아직 잎눈도 제대로 돋지 않은 마른 나무들 사이로 둥지를 향해 접근하는 부지런한 동고비 한 마리가 눈에 들어옵니다. 어제 둥지에 가장 먼저 나타나 둥지를 지켰던 친구로 보이나 확인할 길은 없습니다. 둥지 위쪽으로 내려앉은 동고비가 아예 머리를 아래쪽으로 향한 채 줄기를 타고 달리듯 둥지로 내려옵니다. 동고비는 최고의 나무 타기 선수입니다. 나무줄기에 매미가 달라붙듯 앉아 줄기를 똑바로 보고 이동할 수 있는 새로는 동고비, 딱따구리, 나무발발이가 있습니다. 딱따구리와 나무발발이도 아래에서 위쪽으로 올라갈 때는 나무 타기 선수로 손색이 없지만, 위에서 아래로 내려올 때는 불편한 뒷걸음을 치게 됩니다. 그러나 동고비는 위아래 구분 없이 이동하는 방향으로 머리를 앞두고 움직이니 그야말로 최고의 나무 타기 선수라 할 수 있습니다.

그런데 조금 이상한 점이 있습니다. 둥지를 지키려면 둥지 안으로 들어가 밖으로 고개 정도만 내밀고 방어를 하는 것이 훨씬 수월할 텐데 둥지 안으로는 들어가지 않습니다. 시간이 흐르며 동고비들이 하나씩 모여들기 시작합니다. 오늘도 둥지 쟁탈전에 참여하는 동고비는 모두 8마리입니다. 하지만 둥지를 차지하기 위한 다툼은 일대일로 이루어집니다. 이른 아침 둥지에 가장 먼저 날아와 둥지를 미리 차지하고 지키는 동고비가 둥지에 접근하는 다른 동고비를 둥지 앞에서 바로 몰아내기도 하고, 때로는 조금 멀리까지 쫓아가 내치기도 합니다. 둥지가 비는 사이에 또 다른 동고비가 둥지를 차지하기도 하지만 내치고 돌아온 동고비는 잠시 둥지를 차지했던 동고비를 끝내 몰아내고 맙니다. 잠시라도 눈을 떼면 누가 누군지 도저히 구분할 수 없는 상황이 벌어지고 있습니다.

숨 돌릴 틈 없이 이어지던 둥지 다툼은 오후에 들어서야 끝이 났습니다. 결국 맨 처음 둥지에 관심을 보였던 동고비가 7마리를 모두 몰아낸 듯 보입니다. 둥지를 차지한 동고비의 내공도 대단했지만 밀려난 나머지 7마리의 동고비도 만만치 않았습니다. 하지만 이 둥지에는 더 이상 미련을 남기지 않은 듯합니다. 둥지 다툼에서 밀린 후로 모습을 나타내지 않았기 때문입니다. 아마도 힘의 우위를 인정하며 곧바로 포기하고, 이 둥지 다음으로 좋은 곳을 찾아 또 둥지 다툼을 벌이고 있는 모양입니다. 잠시 틈을 내 다른 11개의 둥지를 둘러보았으나 어느 둥지에서도 동고비의 모습은 찾을 수 없었습니다. 그렇다면 이 지역의 경우 지금의 둥지가 동고비에게는 무척 매력이 있다는 뜻일 텐데, 아직 그 이유는 모르겠습니다. 해가 지고 땅거미가 내려앉자 둥지의 새로운 주인이 된 동고비가 오늘도 숲 속 어디론가 사라져 돌아오지 않습니다. 잠은 다른 곳에서 잡니다.

다음 날 아침, 동고비 2마리가 둥지에 사이좋게 나타납니다. 분명히 둥지를 차지한 친구가 제 짝과 함께 온 것일 터인데 크기와 색은 물론 체형까지 같아 누가 누구인지 도저히 구분할 수가 없습니다. 그런데 동고비 한 마리가 쟁탈전이 벌어질 동안

↑ 둥지를 차지한 동고비가 짝을 데리고 와 선을 보이고 있습니다.

← 7마리의 경쟁자를 모두 물리치고 둥지의 주인이 된 동고비가 둥지 입구에서 멋진 자세를 취하고 있습니다.

↑ 동고비가 둥지를 짓는 과정에서 가장 먼저 하는 일은 둥지 바닥에 있는 쓰레기를 밖으로 버리는 청소입니다.

이상하다 싶을 정도로 둥지 안에 들어가지 않습니다. 지금도 한 친구는 밖에서 경계를 서고 새로 온 쪽이 둥지 안으로 들어갔다 나옵니다. 마음에 드는 모양입니다.

당연한 일이겠지만 새로운 둥지를 짓는 데 있어서 가장 먼저 하는 일이 옛 둥지의 청소일 줄은 몰랐습니다. 동고비 한 마리가 둥지 안으로 들어가 둥지 안에 있는 쓰레기를 모두 밖으로 던집니다. 둥지의 옛 주인인 딱따구리는 나무를 파낼 때 생기는 작은 나무 부스러기를 바닥에 그대로 깔아 둥지의 바닥 재료로 삼습니다. 톱밥처럼 말입니다. 그런데 동고비는 바닥에 쌓여 있는 나무 부스러기를 모두 밖으로 버리고 있으며, 그리하는 동안 다른 친구는 둥지가 마주 보이는 상수리나무에 앉아 쉬지 않고 소리를 내며 경계를 서주고 있습니다.

딱따구리과의 새들은 둥지를 짓는 일부터 알을 품고 부화한 어린 새에게 먹이를 나르는 모든 번식 일정을 암수가 교대를 하며 치릅니다. 그러나 동고비는 아예 암수가 하는 일 자체를 서로 달리하는 역할 분담의 체제를 보이고 있습니다. 앞으로도 이러한 체제를 끝까지 유지할 것인지는 더 살펴보아야겠습니다.

진흙을 나르는 동고비

청소를 모두 마치고 나더니 예상대로 진흙을 나르기 시작합니다. 한쪽은 잘 다져진 콩알 크기만 한 진흙을 물어오고, 다른 한쪽은 둥지가 잘 보이는 맞은편 나무에 앉아 경계를 섭니다. 3월 초면 봄 가뭄이 심한 때입니다. 진흙을 구할 곳이 마땅치 않을 텐데 5분 정도의 간격으로 진흙을 잘도 물어 옵니다. 주변에 저수지는 물론 논과 밭도 없으니 진흙을 가져올 만한 곳이 있다면 계곡 주변뿐입니다. 진흙을 나르기 위해 오가는 동선이 항상 같기에 따라가 보니 물은 거의 흐르지 않지만 정말 작은 계곡이 나타납니다. 바위 뒤로 몸을 숨기고 위장 천을 둘러쓴 채 지켜보기로 합니다. 잠시 시간이 흐르자 계곡 가장자리에 앉은 동고비가 진흙을 부리로 떼어낸 뒤 머리까지 움직이며 몇 번 굴려 다진 다음 둥지를 향해 날아가는 모습이 보입니

↑ 계곡에서 진흙을 가져와 둥지로 들어가기 전에 몸을 돌려 주위를 살피고 있습니다.

다. 동고비들이 가장 먼저 이곳의 둥지를 두고 그토록 각축전을 펼쳤던 이유는 아마도 이 둥지가 진흙을 구하기에 가장 좋은 조건을 갖추었기 때문이었을 것이라는 생각이 듭니다.

동고비가 둥지를 지으며 역할 분담을 하고 있는 이유도 어렴풋이 짐작이 됩니다. 딱따구리가 사용했던 둥지에 어떤 식으로 진흙을 붙여 자신의 둥지로 삼는지는 아직 정확히 알 수 없습니다. 하지만 둥지에 진흙을 붙이는 것은 분명한 일이고, 진흙을 붙이려면 구멍 안으로 고개를 넣어야 하므로 등 뒤에서 어떤 일이 벌어지고 있는지 제대로 살필 수 없다는 것도 틀림없습니다. 이것이 누군가 반드시 경계를 서 주어야 하는 가장 큰 이유가 아닐까 싶습니다. 몇 가지 방법이 있겠으나 한쪽은 후방에 대한 염려 없이 둥지를 짓는 일에 전념하고, 다른 한쪽은 둥지를 짓는 쪽을 지켜주는 역할 분담의 체계보다 더 좋은 방법은 없어 보이는데, 이들은 실제 그리하고 있습니다. 경계를 서는 쪽은 계속해서 소리를 내줍니다. 뒤는 내가 잘 보고 있으니 아무 걱정하지 말고 둥지를 지으라는 뜻으로 들립니다. 둥지를 짓는 쪽도 소리가 들리는 한 후방에 대해 특별히 걱정할 일이 없다는 것을 아는 듯합니다.

    여기에서 누가 암컷이고 누가 수컷이냐 하는 것이 궁금해집니다. 경계를 서는 일과 둥지를 짓는 일을 암수가 확실히 나누어서 하고 있으니 아무래도 경계를 서는 일은 수컷의 몫일 가능성이 높아 보입니다. 그렇다면 진흙을 나르는 친구는 자연히 암컷이 됩니다. 그리고 둥지를 짓는 일이 결국 알을 낳아 키울 공간을 만드는 일이니 암컷이 짓는 것이 좋겠다는 생각도 듭니다. 하지만 문제가 있습니다. 진흙을 나르는 일이 결코 만만해 보이지 않는다는 것입니다. 게다가 산란을 앞둔 암컷의 몸이 무거워질 것을 생각하면 암컷이 진흙을 나르는 것은 너무 가혹하지 않나 싶기도 합니다. 우선 이 정도의 가능성을 염두에 두고 더 살펴보는 것밖에는 다른 길이 없어 보입니다.

    남북으로 뻗은 산책로에서 남쪽을 등지고 북쪽을 보고 서 있을 때 둥지가 있는 나무는 오른쪽, 곧 동쪽에 서 있고, 경계를 서는 나무는 왼쪽, 곧 서쪽에 있습니다. 둥지가 있는 나무와 경계를 서는 나무는 산책로를 사이에 두고 마주보는 꼴입니다. 그리고 둥지의 입구는 서쪽을 향해 있습니다. 또한 진흙을 가져오는 계곡이 서쪽에 있으므로, 동고비가 둥지를 나서 방향을 바꾸지 않고 똑바로 날아가면 경계를 서는 나무를 지나 계곡에 이르게 됩니다.

    진흙을 가지러 갈 때는 암수가 함께 갈 때가 많습니다. 먼저 둥지를 짓는 쪽이

↑ 진흙을 구하기 위해 서쪽에 있는
계곡을 향해 날아가고 있습니다.

둥지를 나서 경계를 서는 나무를 지나 계곡 쪽으로 향하면, 경계를 서던 쪽도 계속 소리를 내며 뒤따라갑니다. 하지만 진흙을 가지고 올 때는 경계를 서는 쪽이 먼저 옵니다. 둥지 입구로 먼저 와 주위를 살피고 있다가 진흙을 가져온 쪽이 둥지에 이르면 경계를 서는 나무로 이동하기도 하고, 아예 처음부터 경계를 서는 나무로 날아와 자리를 잡고 둥지 입구에 위험한 요소가 없는지 챙겨주기도 합니다. 더러 진흙을 가져오는 쪽이 혼자 다녀올 때도 있는데, 그럴 때면 경계를 서는 쪽은 둥지 입구로 와서 둥지를 지키다가 진흙을 물고 온 쪽이 오면 다시 제자리로 돌아갑니다. 어떠한 경우라도 경계를 서는 쪽은 계속해서 소리 내주는 것을 잊지 않습니다. 목이 온전할지 모르겠습니다.

둥지에서 계곡까지는 50미터 정도의 거리로 급경사이며, 둥지가 있는 나무는 높은 곳에 있고 계곡은 낮은 곳에 있습니다. 날아다니지만 진흙을 물고 오기에 가까

↑ 진흙을 가져오는 계곡은 둥지에서 50미터 정도 떨어져 있습니다. 계곡에서 진흙을 뭉쳐 가져오기는 하지만 둥지에 도착할 즈음이면 물어 나른 진흙이 흐트러져 있는 경우가 많습니다.

← 계곡에서 진흙을 구해 둥지로 날아오는 중에 흐트러진 진흙은 둥지 맞은편 나무의 반죽하기 좋은 위치에 앉아 다시 잘 다진 후 둥지로 가지고 옵니다.

운 거리는 아닙니다. 그래서 그런지 진흙을 물고 바로 둥지로 오지는 않습니다. 항상 경계를 서는 나무 또는 그 주변의 나무에 잠시 앉아, 물고 날아오는 동안 흐트러진 진흙을 다시 잘 추스른 뒤 둥지로 옵니다. 진흙을 다시 추스르는 높이는 딱 둥지 입구의 높이입니다. 계곡의 경사를 따라 일정한 높이를 유지하며 오다가 솟구치듯 둥지와 같은 높이로 올라와 진흙을 다시 다진 뒤 직선으로 둥지를 향해 이동합니다. 둥지 입구에 와서도 아무렇게나 진흙을 붙이는 일은 거의 없습니다. 둥지의 입구를 잘 살펴보면 아래쪽 중앙에 작은 홈이 있는데, 그곳에 대고 진흙을 굴려 점도를 조절한 뒤에 붙입니다. 진흙은 하루에 50번 정도 가져옵니다.

　　진흙을 나르는 동고비가 진흙에 보이는 애정은 정말 눈물겹습니다. 가끔 둥지 입구까지 잘 가지고 온 진흙을 실수로 떨어뜨릴 때가 있습니다. 그럴 때마다 자유낙

↓ 둥지를 짓는 시간이 흐름에 따라 가져오는 진흙의 성질도 변합니다. 풀뿌리나 이끼가 섞여 있는 진흙을 가져오는 일이 많아졌는데, 풀뿌리와 이끼는 진흙을 더 잘 굳게 하는 역할을 해줄 것으로 보입니다.

↑ 계곡에서 바로 이어지는 습한 경사면에서 동고비가 이끼와 풀뿌리가 섞인 진흙을 뭉치고 있습니다.

하하는 진흙을 쏜살같이 뒤따라가 땅에 닿기 전에 곡예를 하듯 공중에서 낚아챕니다. 만약 공중에서 잡지 못하고 놓쳐 땅에 떨어지면 덤불 사이를 헤쳐서라도 끝내 찾아 다시 둥지로 가지고 옵니다. 하지만 그토록 애지중지하는 진흙도 그냥 툭 버릴 때가 있습니다. 내 눈에는 온전해 보이는데도 말입니다. 아무리 애써 가져왔어도 둥지를 짓는 용도에 맞지 않는 진흙이라면 미련 없이 버릴 줄도 압니다.

둥지를 짓는 시간이 흐름에 따라 진흙을 가지러 계곡으로 향하는 방향과 가져오는 진흙의 성질이 조금씩 변하고 있습니다. 진흙이라고 다 같을 수는 없습니다.

들리지 않는 곳으로 갔다가 돌아옵니다. 앞으로는 어떨지 모르겠으나 적어도 지난 2주일 동안은 규칙적으로 그리하고 있습니다. 숲의 다른 새들 역시 이 시간이면 움직임이 끊어집니다. 동고비가 쉬면 나도 덩달아 쉬어야 하니 덕분에 여유가 생깁니다. 새의 번식 일정을 빼놓지 않고 보려면 사실 음식을 제대로 먹는 것은 불가능한 일입니다. 그러나 지금은 도시락도 차분히 먹을 수 있고, 잠시 산책할 수 있는 겨를도 생깁니다. 동고비는 둥지로 돌아올 때면 항상 소리를 내기 때문에 동고비의 소리를 들을 수 있는 곳까지 마음대로 움직일 수 있다는 것도 고마운 일입니다.

산책로를 벗어나 잠시 숲으로 들어가 보았습니다. 3월 중순, 계절로는 봄이라지만 아직 산은 겨울을 더 닮아 있습니다. 그래도 봄을 알리려는 들꽃들은 부지런히 갈색 숲 사이로 얼굴을 내밀고 있습니다. 이 즈음이면 바람꽃이 아름답게 피어 있을 시기인데, 올해는 바람꽃이 조금 바빴나 봅니다. 이미 꽃이 지고 있으니 아름다운 모습을 만나려면 다시 또 일 년을 기다려야겠습니다. 군데군데 현호색 종류들은 한참 아름다운 자태를 뽐내고 있습니다. 그중 댓잎현호색이 눈에 띄어 몇 컷 담아봅니다.

이름을 구분하기 어려운 들꽃도 보입니다. 들꽃의 정확한 이름을 안다 하여 그 들꽃을 다 안다 할 수는 없겠지만 적어도 알기 시작했다는 것은 분명할 터이니 이쪽저쪽에서 모습을 담아 도감이라도 뒤적여야겠습니다. 도저히 살 수 없을 것 같아 보이는 바위 틈 사이에 자리를 잡아 꽃까지 예쁘게 피워내고 있는 들꽃의 모습도 보입니다. 우리의 들꽃은 아무 데서나 살지만 그렇다고 절대로 아무렇게나 살지는 않습니다.

낙엽들이 마를 대로 말라 잠시 걷는 사이에도 밟으면 힘없이 부스러질 정도입니다. 좀처럼 비가 내리지 않고 있습니다. 딱따구리의 옛 둥지를 살피기 시작한 날부터 꼽아보더라도 한 달 가까이 지났고, 동고비와의 첫 만남 이후로도 2주일이 지

↑ 은단풍의 부러진 가지 사이에서 수액이 흘러내려 와 가지 끝에 매달립니다. 수액이 무게를 이기지 못하고 저절로 떨어져 다시 떨어질 정도로 맺히는 데에는 약 5분이 걸립니다.

를 짓는 동고비는 진흙을 나르느라 찻집에 들를 틈도 없어 보이고, 찻집을 주로 찾는 것은 경계를 서는 동고비입니다.

    고맙게도 동고비들은 대략 12시에서 1시 사이에 휴식 시간을 갖습니다. 그 시간에는 진흙을 나르는 일과 경계 서는 일을 일제히 멈추고는 보이지 않고, 소리도

↓ 숲의 작은 새들이 은단풍 나뭇가지 끝에 매달리는 수액을 따 먹기 위해 모여듭니다.

① 동고비

② 오목눈이

③ 곤줄박이

은단풍 찻집

　동고비가 둥지를 마련하려는 은단풍에는 새들을 위한 찻집이 한곳에 마련되어 있습니다. 넉넉하지는 않습니다. 그러나 어떤 새라도 찾아와 잠시 기다려주기만 한다면 달콤한 수액을 거저 맛볼 수 있는 찻집입니다. 동고비의 둥지에서 2미터 정도 아래쪽으로 있는 가지 중 바람에 부러진 것으로 보이는 곳이 있습니다. 그곳에서 새어 나오는 수액은 나뭇가지를 따라 흘러내려 가다 낫으로 잘려나간 듯 보이는 가느다란 가지 끝에 방울방울 매달리게 됩니다. 새들은 부러진 가지에서 흘러나오는 수액을 직접 먹기도 하고, 더 흘러내려 가 가지 끝에 방울방울 매달리기를 기다렸다 따 먹기도 합니다. 찻집의 단골손님은 둥지의 새로운 주인이 된 동고비이지만 곤줄박이, 쇠박새, 그리고 오목눈이도 뜸하다 싶으면 다시 찾아오는 손님입니다. 둥지 둥지를 짓는 시기에 따라 진흙의 입자를 포함한 구체적인 성분과 조성도 시기에 적절한 다른 것을 가져오는 것이 틀림없어 보입니다. 처음에는 순수하게 진흙만을 주로 가져오더니 시간이 지나면서 이끼나 풀뿌리가 섞여 있는 진흙을 가져올 때가 많습니다. 이끼와 풀뿌리의 용도는 우리가 황토로 집을 지을 때 황토가 더 잘 굳도록 옥수수 줄기나 볏짚을 잘라 섞는 것과 크게 다르지 않아 보입니다.

이번에는 카메라까지 둘러메고 다시 한 번 계곡으로 내려가 봅니다. 철저히 위장을 하고 3시간 가까이 기다리니 바로 눈앞에 동고비가 나타나 진흙을 뭉치는 모습이 보입니다. 계곡 언저리로, 이끼와 풀뿌리와 진흙을 함께 구하기 좋은 곳이었습니다.

지구상에 출현한 시기로 볼 때 현재의 모습을 갖춘 조류는 중생대 백악기에 출현한 것으로 추정하고 있으며, 현대인은 신생대 제4기의 현세에 출현한 것으로 알려져 있습니다. 새는 인간보다 비교도 되지 않는 시간을 앞서 이 지구상에 이미 존재하며 집을 짓고 살았던 것입니다. 그러니 우리가 집을 짓는 방법으로 택하고 있는 것들도 어쩌면 새가 집을 짓는 과정을 보고 배운 것인지도 모르겠습니다.

났건만 아직까지 비는 한 번도 내리지 않았습니다. 새들이 한 번 정도 따 먹을 수 있을 만큼의 수액이 맺히는 데에도 한참이 걸리더니 결국 말라버립니다. 찻집이 임시 휴업에 들어가며 자연스레 찻집을 찾는 새들의 발길도 뚝 끊어집니다.

↓ 댓잎현호색입니다. 양귀비목 현호색과의 여러해살이풀로, 주로 산지의 숲 속 그늘이나 습기가 있는 곳에서 자랍니다. 잎의 모양이 대나무를 닮아 댓잎현호색이라는 이름이 붙었습니다.

경계를 서는 동고비

다른 나무들의 꽃눈은 아직 대부분 꼼짝도 하지 않고 있는데 벚꽃은 벌써 피었다 졌고, 이제 은단풍의 꽃눈이 터져 나무의 여기저기에 붉은 기운이 돕니다. 아직 모르셨다면 은단풍의 꽃이 진정 꽃인가 싶기는 할 것입니다. 은단풍은 충매화가 아니라 풍매화입니다. 곤충에 의해서가 아니라 바람에 꽃가루가 날려 수분이 되는 길을 선택한 나무이니 꽃이 예쁠 리 없습니다. 이른 봄 부는 바람이 꼭 예쁜 꽃을 알아보고 그를 향해서만 부는 것은 아니기에 꽃가루는 그저 부는 바람에 몸을 맡기고 잘 비상할 수 있는 구조를 갖추기만 하면 충분합니다.

경계를 서는 동고비의 기본 임무는 말 그대로 둥지의 경계를 서는 일입니다. 둥지가 잘 보이는 둥지의 맞은편 나무에 앉아 둥지 주변에서 일어나는 일을 주의 깊게

↑ 경계를 서는 동고비가 둥지의 맞은편 나무에 앉아 날카로운 눈빛으로 둥지를 살피고 있습니다.

↓ 은단풍에서 꽃눈이 터졌습니다. 은단풍은 풍매화이기 때문에 꽃의 모양이 우리가 일반적으로 생각하는 모습과 다릅니다.

살펴야 합니다.

 그리고 둥지를 짓는 동고비가 진흙을 구하러 계곡으로 갈 때는 그 동선에 동행하여 둥지를 짓는 동고비를 호위하거나 그렇지 않다면 비어 있는 둥지 입구에 와서 확실하게 둥지를 지키고 있어야 합니다. 물론 그런 본분을 완전히 잊고 지내는 것은 아닙니다. 하지만 경계를 서는 동고비는 어찌 보면 한량과 같습니다. 처음 둥지를 차지할 때의 활약을 빼놓고는 근래 딱히 하는 일이 없습니다. 쇠박새, 박새, 곤줄박이, 쇠딱따구리가 동고비의 둥지에 관심을 보이는 것은 사실이나 그렇다고 귀찮을 정도는 아니며, 또한 그런 친구들

↑ 경계를 서는 동고비는 둥지를 짓는 동고비가 진흙을 구하러 계곡으로 가 둥지가 비어 있으면 둥지 입구로 와서 경계를 서기도 합니다.

은 동고비의 둥지를 빼앗을 수 있는 위협적인 존재도 아닙니다. 앞으로 어찌 될지 모르겠지만 지금까지 동고비의 둥지를 탐내는 위협적인 친구들은 없었습니다.

특별히 할 일이 없으니 경계를 서는 동고비가 슬슬 꾀를 내기 시작합니다. 진흙을 나르는 길에 동행을 해주는 일을 자주 빼먹는가 하면 둥지를 짓는 동고비가 진흙 작업을 할 때에도 딴짓을 할 때가 많습니다. 등을 보이며 둥지를 다듬거나 아예 둥지 안으로 들어가 내부 공사를 하는 친구의 경계를 서려면 둥지 쪽을 주시하며 둥지에 접근하는 다른 새들을 막아내야 하는 것이 마땅하고, 만약 둥지에 접근하는 새들이 없을 때는 둥지 주변은 현재 안전하니 아무 걱정하지 말고 둥지 짓기에 전념하라고 소리로 신호를 해주어야 합니다. 그런데 둥지는 보지도 않고 한눈을 팔거나 은단풍 꽃을 따 먹기 바빠 둥지 쪽으로는 등을 지고 있으면서도 건성으로 소리만 낼 때도 많고, 심지어 자리를 비우고 어디론가 날아가 오랜 시간 나타나지 않을 때도 있습니다.

18일째 되는 날 아침 8시 반 무렵입니다. 한 번은 그러리라 싶었던 일이 2번이나 연이어 벌어집니다. 진흙을 나르는 친구가 오늘의 3번째 진흙을 가져왔을 때인

↓ 숲의 다른 새들이 동고비가 차지한 둥지에 관심을 보이며 들여다보고 갈 때가 많습니다.

↑ 경계를 서야 하는 경계병 동고비가 본분을 잊고 둥지는 나 몰라라 한 채 은단풍꽃을 따 먹느라 정신이 없습니다.

데, 동고비 둥지를 탐낸 곤줄박이 한 쌍이 둥지 주변을 서성거리다 둥지로 들어가려 시도하는 상황이 벌어졌습니다. 그런데 참 대단합니다. 진흙을 물고 있던 동고비는 이 다급한 상황에도 우선 진흙을 둥지 위 안전한 곳에 내려놓습니다. 그러고는 혼자 곤줄박이 한 쌍을 몰아내려 해보지만 쉽지 않습니다. 10여 분의 실랑이 끝에 둥지를 짓는 동고비가 간신히 곤줄박이를 몰아냈습니다. 그런 다음 안전하게 내려놓았던 진흙을 가지고 둥지 안으로 다시 들어가려는 찰나 또다시 곤줄박이 한 쌍의 반격이 시작됩니다. 이번에는 그 애지중지하던 진흙도 포기하고 결사적으로 곤줄박이를 몰아냅니다. 이런 일이 벌어지는 동안 경계를 서는 동고비는 어디로 가서 노는지 모습조차 보이지 않습니다.

잠시 후, 진흙을 나르는 친구가 새로운 진흙을 가지고 와 둥지 안으로 들어갔는데, 바로 이어서 다른 동고비가 진흙을 물고 오는 상황이 벌어집니다. 물론 나중에 온 동고비가 집을 잘못 찾아온 것입니다. 정말 정신없이 진흙을 나르다 보면 실제로 정신이 없어지기도 하나 봅니다. 이러한 일이 벌어지고 있는 동안, 경계를 서던 친구는 둥지를 짓는 나무에서 조금 떨어진 다른 은단풍꽃을 따 먹느라 정신이 팔려 둥지에서 일어나고 있는 일은 전혀 알지 못하는 터였습니다.

집을 잘못 찾은 동고비가 둥지 입구에서 뭔가 이상하다는 것을 알아차린 듯 멈칫합니다. 그때 바로 돌아섰다면 서로 좋았으련만 호기심을 참지 못한 동고비가 남의 둥지 안을 들여다본 것이 화근이었습니다. 둥지 안에 있던 동고비가 낯선 침입자를 발견하는 순간 번개처럼 튀어나와 바로 공격을 개시합니다. 집을 잘못 찾은 동고비는 그만 깜짝 놀라 물고 있던 진흙도 떨어뜨리며 반격 자세를 취해보지만 선제공격을 감당하기에 때는 이미 늦어버렸습니다.

↓ 집을 잘못 찾아온 동고비가 둥지 안을 기웃거리자 둥지를 짓는 동고비가 바로 튀어나와 공격을 합니다.

둥지를 짓는 친구가 단단히 화가 난 모양입니다. 지금은 열심히 진흙을 날라야 하는 시간인데 한참이 지나도 둥지로 돌아오지 않고 있습니다. 그 사이에 꽃놀이에 푹 빠져 있던 친구가 갑자기 정

← 둥지를 짓는 동고비가 둥지를 잘못 찾아온 동고비를 공격하는 과정에서 목 언저리에 상처를 입었습니다.

신이 드는 듯 둥지가 똑바로 보이는 상수리나무로 날아와 자리를 잡습니다. 시치미를 뚝 떼고 열심히 경계를 서는 척하며 소리를 내보지만 진흙을 나르는 친구는 나타나지 않습니다. 뭔가 낌새를 알아챘는지 둥지 입구 쪽으로 자리를 옮겨 매서운 눈초리로 사방을 경계하며 소리를 내보지만 여전히 진흙을 나르는 친구의 모습은 보이지 않습니다.

1시간 정도 흐른 뒤 진흙을 나르는 친구가 진흙을 물고 둥지로 돌아왔는데, 목 왼쪽 언저리에 생채기가 나 있습니다. 둥지 입구에서 격투가 벌어졌을 때 공격을 주도하기는 했지만 둥지를 잘못 찾아온 동고비의 오른쪽 발톱에 일격을 당해 생긴 상처 같습니다.

둥지로 돌아온 친구가 경계를 서는 친구를 향해 특별한 몸짓을 합니다. 둥지의 입구에서 날개를 쫙 펴고 몸을 좌우로 흔드는 행동을 하는 것인데, 구애를 위한 춤을 출 때도 비슷한 행동을 하지만 지금은 사정이 다릅니다. 둥지를 제대로 지키지 못한 것에 대한 일종의 시위와 경고의 행동으로 보입니다. 경계를 서는 친구도 미안한 마음이 아예 없지는 않은가 봅니다. 이후로는 철통같은 경계 태세에 돌입하여 또다시 나타난 곤줄박이 한 쌍을 깔끔하게 몰아낼 뿐만 아니라 둥지를 짓는 친구에게 더러 먹이를 가져다주기도 합니다.

↑ 둥지를 짓는 동고비가 경계를 소홀히 한 동고비를 향해 시위의 행동을 합니다.

나뭇조각 나르기

　동고비를 만난 지 어느덧 20일이 지나 3월 하순으로 들어섰습니다. 아직도 손이 시릴 만큼 새벽 공기는 싸늘하지만 그래도 봄은 봄입니다. 산책로를 따라 두런두런 서 있는 산수유에 이제는 가지마다 노란 꽃 뭉치가 우르르 달려 있고, 목련 꽃봉오리는 막 터지기 직전이며, 개나리 숲에서는 노란 기운이 스르르 퍼지고 있습니다. 그리고 동고비가 진흙을 가져오기 위해 향하는 서쪽 숲 언저리에 단아하게 앉아 있던 친구가 오늘 드디어 꽃잎을 열었습니다. 봄을 알린다는 보춘화, 곧 춘란입니다. 며칠 동안 이어졌던 황사도 모두 가서 우리 본래의 하늘이 된 하늘빛은 더없이 맑고 곱습니다.

　오늘도 날이 환히 밝아오자 좀깨잎나무 마른 줄기가 빼곡히 서 있는 서쪽 숲에

↑ 보춘화가 꽃을 피워냈습니다. 보춘화는 난초과의 상록 여러해살이풀로, 꽃은 3~4월에 피며, 꽃줄기 끝에 한 개가 달립니다.

서 아주 작은 새들이 재잘거리는 소리가 들리기 시작하더니 곧바로 붉은머리오목눈이가 수십 마리가 땅에 닿을 듯 말 듯한 높이로 꼬리에 꼬리를 물고 도로를 건너 동쪽 숲 덤불 사이로 몸을 숨기는 모습이 보입니다. 붉은머리오목눈이는 딱새과의 텃새로 보통 뱁새라고도 하며, 뻐꾸기가 자신의 알을 다른 새에게 맡겨 대신 키우게 하는 탁란(托卵)의 주요 대상이기도 합니다. 탁란이 성공할 경우 붉은머리오목눈이는 자신의 몸집보다 10배 가까이 큰 뻐꾸기 새끼를 위해 열심히 먹이를 물어다 주는 웃지 못할 모습을 연출하기도 합니다. 황새가 날개를 펴면 2미터 정도가 되니 "뱁

→ **붉은머리오목눈이**는 참새목 딱새과의 텃새로, 뱁새라고도 합니다. "뱁새는 작아도 알만 잘 낳는다"는 속담이 있는데 몸길이는 13센티미터 정도입니다.

새가 황새를 따라가다 가랑이가 찢어진다"는 말이 나올 법도 합니다. 하지만 이제 그럴 일은 없겠습니다. 예전에는 논에서 주로 먹이 활동을 하던 황새가 많았기 때문에 뱁새가 논둑을 따라 이동하다 보면 서로 만날 기회가 잦았겠지만 이제는 뱁새가 보고 따라갈 황새가 우리나라에서는 거의 멸종했기 때문입니다.

해가 뜬 지 오래지만 둥지가 있는 나무의 동쪽으로 급한 경사가 진 높은 산이 있어 한동안 햇살이 막힙니다. 8시 반 정도는 되어야 25미터 높이의 나무 끝에 간신히 햇살이 닿습니다. 그보다 한참 아래에 있는 둥지의 입구는 동쪽을 등지고 서쪽을 향하고 있어 둥지가 밝아지려면 해가 더욱 높이 떠오르고 남쪽으로 이동을 해주어야 하니 시간이 조금 더 걸립니다. 둥지의 높이보다 훨씬 키가 작은 나의 몸에까지 햇살이 닿으려면 더 오랜 시간이 흘러야 합니다. 막힌 햇살로 자꾸만 움츠러드는 나의 몸과 달리 둥지를 짓는 동고비는 진흙을 나르느라 여전히 분주합니다. 경계를 서는 동고비도 따끔한 경고를 한 번 받고 나서는 경계를 서는 일에 소홀함이 없습니다. 둥지가 똑바로 보이는 둥지의 맞은편 나무에 앉아 매서운 눈초리로 둥지 주변을 살피며 계속해서 소리를 내주는 일을 게을리 하지 않고 있으며, 진흙을 나르는 친구를 위해 먹이를 전해주는 횟수도 늘었습니다. 그리고 먹이를 가져왔지만 둥지를 짓는 친구가 진흙을 구하거나 먹이 활동을 위해 둥지를 비우고 없을 때는 가져온 먹이를 둥지에서 가까운 나무껍질 사이에 꼭꼭 박아두기도 합니다. 나중에 온 친구는 그렇게 잘 숨겨둔 먹이를 용케도 잘 찾아 먹습니다.

점심 무렵이 되어 이제 곧 휴식 시간에 들어가겠다 싶었는데 둥지를 짓는 동고비가 진흙 대신 부리로 나르기에 버거워 보일 정도로 큰 나뭇조각을 물고 와 둥지 안으로 들어가기 시작합니다. 나뭇조각은 연이어서 몇 번을 가져오기도 하고 진흙

↓ 둥지를 짓는 동고비가 진흙을 나르는 사이에 나뭇조각을 가져오기 시작합니다.

↑ 입구의 직경보다 긴 나뭇
조각을 처음으로 나를 때입
니다. 나뭇조각이 입구에 걸
려 부러지면서 떨어지고 있
습니다.

↑ 한 번 나뭇조각을 부러뜨리고 난 후에는 긴 나뭇조각의 경우 입구에 걸려 부러지지 않도록 끝 부분을 부리로 물고 안으로 밀어 넣습니다.

을 여러 차례 나르는 중간중간에 한 번씩 가져오기도 합니다. 물고 오는 나뭇조각의 크기는 들쭉날쭉하지만 둥지의 입구가 넓어 안으로 가지고 들어가는 것에 문제는 없어 보입니다.

그런데 한번은 입구의 직경보다 긴 나뭇조각을 가져온 적이 있습니다. 몸이 먼저 안으로 들어간 것까지는 좋았으나 입구의 직경보다 긴 나뭇조각의 중간 정도를 부리로 물고 안에서 그대로 당기려다 보니 나뭇조각이 입구에 걸려 그만 부러져 뚝 떨어지고 맙니다. 떨어지는 나뭇조각에는 진흙에 보였던 애정을 쏟지는 않습니다. 둥지 입구에서 진흙을 떨어뜨렸을 때는 쏜살같이 뒤따라가 공중에서 되잡으려 하기도 하고, 그래도 놓치면 덤불 사이로 숨어든 것까지 악착같이 찾아오더니 부리에 물려 있던 작은 나뭇조각마저 떨어뜨리며 다소 허탈한 눈빛으로 바라보기만 합니다.

하지만 실수는 한 번으로 끝냅니다. 다음부터는 긴 나뭇조각의 경우 끝 부분을 부리로 물고 밀어 넣거나 입구에 걸리지 않게 방향을 틀어서 넣기도 합니다.

나뭇조각을 가져오는 장소는 몇 군데로 정해져 있습니다. 가장 많이 가는 곳은 둥지 왼쪽에서 10미터 정도 떨어진 곳으로, 벌목에 의해 나무 밑동이 잘려나간 채 썩어가고 있는 나무입니다. 그다음으로 나뭇조각을 많이 가져오는 곳은 둥지에서 오른쪽으로 15미터 정도 떨어진 곳에 있는 부러진 나무로, 뿌리가 뽑혀 역시 썩어가고 있는 나무입니다. 때로는 조금 멀리 떨어진 소나무로 가서 두툼한 껍질을 가져오기도 합니다. 어느 경우이든 부리로 쪼아 조각으로 떼어낸 다음 물고 옵니다.

미처 생각하지 못했지만 나뭇조각을 물고 와 둥지 안으로 들어간다면 그 이유는 아무리 생각해도 하나뿐입니다. 둥지가 너무 깊어 어린 새를 키우기에 알맞지 않기 때문에 바닥의 높이를 조절하기 위함일 것입니다. 딱따구리는 나무를 쪼아 구멍을 뚫은 다음 아래쪽으로 파 내려가며 둥지를 만듭니다. 둥지에는 두 종류가 있습니다. 잠을 자는 둥지와 번식을 위한 둥지입니다. 잠을 자는 둥지는 몸 하나 들어갈 정도의 공간만 있으면 되므로 일반적으로 얕게 팝니다. 그러나 번식을 위한 둥지는 넓고 깊게 파 내려가기 때문에 결국 나무속에 원통형의 빈 공간이 생기게 됩니다. 물론 입구만으로는 어떤 둥지인지 구분할 수 없지만 여러 가지의 정황으로 볼 때 지금의 둥지는 번식을 치러낸 둥지로 보입니다. 둥지의 원래 주인이 큰오색딱따구리였다면 둥지의 폭은 10센티미터 정도일 것이며, 깊이는 약 20센티미터가 될 것입니다. 만약 원래 주인이 큰오색딱따구리가 아니라 청딱따구리였다면 폭과 깊이는 그보다 조금 더 넓고 깊을 수도 있습니다.

↑ 나뭇조각은 주로 썩은 나무의 밑동을 부리로 쪼아 적절한 크기로 만들어 가져옵니다.

현재 예전 딱따구리 둥지의 넓이는 문제가 되지 않을 것으로 보입니다. 동고비가 많은 둥지를 살피며 우선적으로 어린 새를 키워내기 위한 최적의 넓이를 갖춘 둥지를 물색했을 테니 말입니다. 하지만 넓이가 알맞다 하여 깊이까지 알맞을 수 있을지는 장담할 수 없습니다. 딱따구리가 번식을 위해 완성한 둥지라면 어느 둥지라도 깊이가 깊을 것입니다. 그런데 둥지가 너무 깊으면 여러 가지 어려움이 생깁니다. 무엇보다 어미 새가 둥지 안에서 일어나는 일을 살피는 것이 어려워집니다. 또한 나중에 어린 새가 먹이를 받아먹으러 올라오기도 어렵고, 배설물을 그때그때 처리하는 것에도 어려움이 따릅니다. 이러한 이유로 깊이를 조절할 수밖에 없고, 무엇인가 바닥에 쌓아 조절을 해야 하는데 그때 사용하는 재료가 나뭇조각일 거라는 생각이 듭니다. 동고비가 둥지의 넓이는 바꿀 수 없지만 깊이는 바꿀 수 있음을 보여주는 대목이기도 합니다. 그러나 딱따구리가 번식을 위한 둥지를 만들다 중간에 포기하는 경우가 있고, 잠을 자는 둥지 역시 더러 조금 깊게 파는 경우도 있으므로 동고비가 나르는 나뭇조각의 양은 딱따구리 옛 둥지의 형편에 따라 다소 차이가 있을 것으로 예상할 수 있습니다.

　　새가 번식을 위한 둥지를 짓는 것은 생명 탄생의 첫걸음을 떼는 것과 같습니다. 따라서 아무렇게나 지을 리가 없습니다. 그것이 본능이든 아니든 둥지는 종의 특성에 따라 있을 수 있는 모든 상황에 철저히 대비하여 우리의 상상을 초월할 정도로 많은 것을 고려하고 또 정확히 계산하여 완성하는 것이라 할 수 있습니다. 그렇지 않았다면 그 오랜 시간 동안(새가 지구상에 출현한 것은 약 1억 5000만 년 전으로 추정하고 있습니다) 종을 보전하지 못했을 것입니다.

　　경계를 서는 동고비가 둥지 입구에 더러 나뭇조각을 놓아두기도 하지만 둥지를 짓는 친구가 그것을 둥지 안으로 가져가지는 않습니다. 그 마음만 받아들일 뿐 바로 밖으로 툭 던져버리는데, 그 이유는 나뭇조각이 적절하지 않기 때문인 것 같습니다. 둥지 안으로 한 번도 들어가 본 적이 없어 둥지의 내부 사정을 조금도 알지 못하는 친구가 적절한 나뭇조각을 가져올 리 없습니다. 이는 또한 나뭇조각을 쌓아 바닥의 높이를 조절하는 과정도 그때그때 꼭 필요하고 딱 맞는 재료를 가져오는 것이지 아무 조각이나 마구 가져와 쌓는 것이 아님을 알려줍니다. 정말 생명의 세계에서 아무렇게나라는 것은 없나 봅니다.

비 오는 날의 동고비

온갖 정성으로 진흙을 날라 나무에 붙이고, 그 사이사이에 나뭇조각을 물어 나르는 동안 시간은 흘러 동고비를 만난 지 23일째가 되는 날입니다. 오늘은 정말 이상합니다. 동고비가 진흙을 나르지 않고 있습니다. 진흙을 나르는 틈틈이 물고 오던 나뭇조각도 가져오지 않습니다. 그렇다고 아주 먼 곳으로 가서 보이지 않는 것은 아닙니다. 2마리 모두 먹이 활동을 하며 둥지 주변을 서성거리기는 합니다.

결국 오전 내내 단 한 번의 진흙도 또 단 한 번의 나뭇조각도 나르지 않은 채 휴식 시간을 맞아 멀리 사라집니다. 지금까지 해가 지고 동고비가 둥지를 떠난 뒤가 아니라면 둥지 정면에서 둥지를 본 적은 없었습니다. 관찰이 관찰을 넘어 번식 일정을 방해하는 수준이 되어서는 안 되기 때문이었습니다. 그러나 오늘은 동고비의 행동이 이상하고, 마침 휴식 시간이니 둥지 정면에서 둥지를 한번 보기로 합니다. 그동안 그리 열심히 진흙을 날랐어도 밖에서 볼 때는 거의 변한 것이 없는 모습입니다. 진흙으로 둥지의 입구를 좁히는 일이 아직도 멀어 보이기만 한데도 진흙을 나르지 않고 있으니 도무지 알 수 없는 노릇입니다.

오후로 들어서자 해의 위치를 알 수 없을 만큼 먹구름이 몰려들기 시작합니다. 오후에도 여전히 진흙을 나르지 않더니 결국 어두움이 내리자 2마리 모두 둥지 주변을 벗어나 어디론가 사라집니다. 날씨도 꾸물거리며 술렁거리는 것이 참 이상한 날입니다.

다음 날입니다. 요즈음 나의 기상시간은 새벽 5시입니다. 이전에는 더 일찍 일어났지만 동고비가 둥지를 찾는 첫 시간이 7시가 지나서이기에 조금 늦추었습니다. 동고비를 만나기 시작하면서 눈을 뜨고 가장 먼저 하는 일은 밖을 내다보며 하루의 날씨를 살피는 것이 되었습니다. 오늘은 동쪽 하늘로 날이 밝아오는 기색이 조금도 보이지 않고 깜깜하기만 합니다. 유리창에는 빗방울이 어슷하게 줄을 이어 매달려 있습니다. 창문을 열고 손을 내밀어보니 금세 젖을 정도로 빗줄기가 제법 굵습니다. 한 달이 넘게 비가 오지 않아 봄 가뭄이 무척 심했던 터라 비가 오는 것이 무척 반갑습니다. 하지만 반가움도 잠시, 슬쩍 꾀가 납니다. 날씨가 꾸물꾸물하기는 했지만 그렇다고 비가 온 것은 아니었던 어제도 동고비가 쉬었는데, 더군다나 오늘은 비가 이렇게나 많이 오니 물어 나르는 진흙도 비에 젖어 흐를 테고, 어쩌면 어쩔 수 없이 동고비가 오늘은 아예 일을 하지 않을지도 모른다는 나름의 예상을 하면서 말입니다. 관찰을 시작한 지 벌써 24일째라 고단함도 꽤 쌓였으니 오늘은 조금 더 자고 빗줄기가 잦아들면 길을 나설까 했지만 이내 마음을 다잡습니다. 아직 둥지를 짓는 일도 아득한데 벌써 꾀를 내면 앞으로 있을 험난한 일정을 도저히 감당하기 어려울 거란 걸 잘 알기 때문입니다. 또한 다른 일을 모두 포기해가며 번식 일정 전체

↑ 빗속에서도 은단풍꽃은 환하게 웃고 있습니다.

를 하루도 빠짐없이 다 보리라 마음먹고 시작한 일이기에 이 정도의 비에 주춤거리는 것은 옳지 않다는 생각도 들었습니다.

생각해보니 동고비를 만나고 처음으로 비가 오는 날입니다. 동고비를 만나고 그들의 번식 일정에 동행하기 시작하면서 나도 동고비처럼 둥지를 하나 갖고 싶었습니다. 차가운 바람과 한낮의 따가운 햇살도 막아주고, 무엇보다 비를 피하게 해줄 관찰 장소를 자연 친화적으로 마련하고 싶었던 것입니다. 그러나 현재의 관찰 위치는 차량의 소통이 빈번한 곳은 아니지만 어찌 되었든 도로의 가장자리입니다. 게다가 몇 걸음 뒤로 물러서면 바로 낭떠러지이기 때문에 관찰 장소를 짓는 것은 불가능합니다. 지금 동고비가 둥지를 짓고 있는 은단풍이 관찰하기 나쁜 곳 2위에 해당한다는 것에는 둥지가 높은 것과 배경이 빈 하늘이어서 시간이 흘러도 그 흐름을 표현하지 못하는 것 말고도 이러한 요소가 포함되어 있었습니다. 아침저녁으로 몰아치는 차가운 바람과 한낮의 따가운 햇살이야 그럭저럭 견딜 수 있습니다. 하지만 나도 카메라도 비는 그냥 견딜 수가 없어 피할 수 있는 장비를 설치해야 합니다.

비를 피하는 데 필요한 장비는 항상 차에 갖춰져 있지만 어두움이 채 가시지 않은 숲 속에서 질척질척 내리는 비를 맞으며 혼자 장비를 펼치는 것이 조금 쓸쓸하기는 합니다. 그렇다고 장비가 거창하지는 않습니다. 대형 파라솔을 펼치고 그 위로 위장 천막을 덮는 것이 전부입니다. 파라솔을 꽂을 곳이 마땅치 않아 미리 5개의 큰 포대에 흙을 가득 담아두고 있었으니 파라솔은 그 포대에 꽂아 세우고 바람에 날리지 않도록 고정하면 됩니다. 물론 카메라와 나의 몸은 평소와 같이 위장 천으로 가립니다. 관찰 장소를 짓는 것은 포기해야 했더라도 번식 일정이 다 끝날 때까지 비가 한두 번 올 것은 아니기에 비가 오는 날을 대비하여 마련했던 구조물이 있기는 했습니다. 앵글로 가로와 세로 1.5미터, 높이 1.8미터의 나름 널찍한 직육면체를 짰습니다. 비가 오면 그 구조물에 위장 천막을 덮은 뒤 안에서 관찰할 요량이었습니다. 그런데 부피가 너무 커 차에 싣고 다닐 수 없어 서쪽 계곡 쪽으로 내려두었더니, 며칠 지나면 없어지고 또 며칠 지나면 없어져 그마저 포기하고 말았습니다. 옹색하지만 비가 오면 파라솔에 의지하여 관찰을 진행해야겠습니다. 빗속에서도 은단풍 꽃은 환히 빛납니다.

빗줄기가 점점 거세지는 가운데 7시도 그냥 넘기고, 7시 반도 그냥 넘어갑니다. 다행히 한 가지 감동스러운 것이 있습니다. 동고비가 둥지를 마련하려는 딱따구리의 옛 둥지에는 이처럼 비가 뿌려도 빗방울이 들이치는 일이 없습니다. 동고비는 딱따구리 둥지의 내부를 개조하여 새로운 둥지를 만들고 있기 때문에 비에 대한 대

↑ 비가 오면 진흙 나르는 일을 쉴 것이라 예상했는데 더 열심히 진흙을 나르고 있습니다. 비가 오니 주변이 온통 진흙입니다.

처는 서로 다르지 않습니다. 딱따구리의 둥지에 비가 들이치지 않으면 동고비의 둥지 역시 비가 들이치지 않는다는 뜻입니다. 현재 둥지의 입구는 서쪽을 향하고 있습니다. 먼저 지금 그대로의 상황에서 둥지의 입구가 서쪽이 아니라 다른 방향이라면 어떤 일이 벌어질지 헤아려보겠습니다. 입구가 동쪽을 향하고 있다면 떠오르는 해가 높은 산에 막히게 되며, 해가 남쪽을 지나 서쪽으로 움직여 결국 질 때까지 햇살은 둥지 안에 직접 닿을 수 없습니다. 그리고 은단풍 동쪽으로는 숲이 가까이 붙어 있어 둥지에 드나들 때 걸림이 많을 뿐만 아니라 둥지의 입구가 다른 나무들에 가리기 때문에 멀리서 볼 때 둥지 주변에서 일어나는 천

↑ 진흙을 다지는 일은 거의 하지 않습니다. 척척 붙여놓고 부리로 몇 번 꾹꾹 누른 뒤 바로 또 진흙을 구하러 나섭니다.

적을 비롯한 다른 새들의 움직임을 파악하기 어렵게 됩니다.

둥지의 입구가 북쪽을 향하고 있다면 동쪽처럼 햇빛은 하루 종일 둥지 안으로 들어오지 않을 것이며, 인접한 나무로 인해 둥지에 드나드는 과정에 걸림이 많아 불편할 수밖에 없습니다. 남쪽은 기본적으로 좋은 방위입니다. 그러나 봄날 주로 비바람이 불어오는 방향이라는 문제가 있습니다. 실제로 지금도 비는 남풍을 따라 나무의 남쪽으로 부딪치니 만약 둥지의 입구가 남쪽을 향하고 있었다면 비가 오는 날마다 둥지는 물난리를 치러야 했을 것입니다.

이제 둥지의 입구가 서쪽을 향하고 있으므로 해서 좋은 점을 따져보겠습니다. 서쪽은 넓은 산책로에 의해 단절되어 있어 맞은편 나무까지 공간이 확보되어 둥지 앞쪽으로 다른 나무로 인한 걸림이 없고, 둥지 앞이 트여 있어 멀리서도 둥지의 정황을 잘 살필 수 있습니다. 그리고 서쪽으로 급한 경사가 흐르므로 둥지가 있는 나무가 높은 위치에 있게 되어 남중한 해가 서산으로 완전히 넘어갈 때까지 내내 둥지 안으로 햇살이 잘 닿습니다. 그리고 이 지역의 경우 비가 오는 봄날에는 서풍이 부

↑ 휴식이 필요할 때는 진흙을 벽에 잠시 붙여둡니다.

는 일이 거의 없습니다. 그렇다면 둥지의 입구가 향할 곳은 오직 서쪽 뿐인데 현재 둥지의 입구가 바로 서쪽을 향하고 있으며, 게다가 서쪽으로 나무가 기울어져 있기까지 해서 나무를 타고 흐르는 빗방울과 직접 떨어지는 빗방울 모두 둥지 안으로 들어오지 않습니다. 비로 인해 나무 전체가 젖어들고 있습니다. 그러나 젖지 않은 채로 남아 있는 둥지 입구 부분에 자연히 눈길이 멈춥니다.

 동고비가 본격적으로 진흙을 나르기 시작하는 8시가 지났지만 여전히 동고비의 모습은 보이지 않습니다. 숲을 향해 귀를 기울여보아도 동고비의 소리는 들리지 않습니다. 몇 번 재채기가 나더니 으슬으슬해지며 몸살 기운이 느껴집니다. 다시 한 번 꾀가 납니다. 큰 것을 위해 작은 것은 버릴 줄도 알아야 한다는 명분도 물론 있습니다. 하지만 이럴 거였으면 무엇을 위해 휴직까지 했던가를 생각하자 꾀는 접기로 합니다.

아…… 아닙니다. 내가 동고비에게 졌습니다. 나의 생각이 동고비의 행동을 따라가지 못합니다. 8시가 조금 넘으며 나타난 동고비가 1~2분 간격으로 쉴 새 없이 진흙을 나르기 시작합니다. 지금까지는 한번 가져온 진흙을 붙인 다음 부리로 수도 없이 다지고 또 다지느라 시간이 많이 걸렸는데 이제는 척척 붙이기만 합니다. 다지는 것이야 맑은 날 하면 되는 일입니다.

오후에 들어서며 둥지에 뭔가 변화가 생기고 있다는 것을 알아차릴 수 있는 행동이 나타납니다. 둥지의 내부에 지금까지는 없었던 어떤 구조의 변화가 생긴 모양입니다. 진흙을 나르는 동고비가 둥지에서 나올 때 마치 낮은 문턱을 지나듯 가슴을 앞으로 내밀고 머리를 뒤로 젖히며 나옵니다. 딱따구리의 옛 둥지 안쪽으로 새로운 입구가 생기고 있으며, 그 입구가 점점 좁아지고 있는 것이 틀림없어 보입니다. 그럼에도 진흙을 나르는 속도를 늦추지 않습니다. 둥지의 형태를 갖춰야 하거나 짧은 휴식이 필요할 때는 가져온 진흙을 벽에 잠시 붙여두기도 합니다. 이 모습을 보노라니 어릴 적에 씹던 껌을 계속 씹을 수 없는 상황이 생겼을 때 잠시 어디다 붙여두었다 다시 씹었던 일이 떠오릅니다.

이제는 진흙을 가지러 하루에도 수십 번씩 오갔던 먼 계곡으로는 아예 가지도 않습니다. 비가 오니 둥지가 있는 나무 주변에서도 진흙은 얼마든지 구할 수 있는 형편으로 바뀌었기 때문입니다. 오늘 비가 온다는 것과 비가 올 때 어떻게 하면 된다는 것을 미리 알고 있다는 것밖에는 달리 생각할 길이 없습니다.

새로운
둥지의 모습

↑ 비가 온 뒤 쇠뜨기의 생식줄기가 쑥 올라왔습니다. 녹색의 영양줄기는 생식줄기가 시들 무렵에 나옵니다.

동고비의 번식 일정에 동행한 이후로 처음 비가 온 그다음 날이며, 동고비가 딱따구리의 옛 둥지에 진흙을 붙이기 시작한 지 25일째 되는 날입니다. 계절과 계절 사이에는 언제나 비가 있었던 것을 기억합니다. 계절은 느닷없이 바뀌지 않았고, 그에 앞서 항상 비가 있었습니다. 이번 비 역시 이제 제대로 봄날이 온다는 것을 넌지시 알려주는 신호인 듯합니다. 하루 사이에도 쇠뜨기가 쑤욱 자랐고, 꼭꼭 닫고 있던 개나리 꽃망울도 하나같이 동시에 터졌습니다. 숲에서는 벌써 호랑지빠귀를 비롯한 이른 여름새들의 노랫소리도 들리기 시작합니다.

어제는 비가 많이 왔습니다. 굳이 멀리 있는 계곡의 가장자리까지 가지 않더라도 둥지 근처 어디에서나 진흙을 쉽게 구할 수 있게 되었습니다. 그러자 동고비는 주변의 진흙을 척척 붙이기만 하더니 오늘은 진흙을 가져오는 일에는 그다지 마음을 두지 않고 둥지 입구를 빙빙 돌면서 붙여놓은 진흙을 부리로 다지는 일에 애를 쓰고 있습니다.

움직이는 모습이 어떤 형태를 갖춰가는 것으로 보이더니 드디어 딱따구리 옛 둥지의 입구 안쪽으로 새로운 입구가 생긴 모양입니다. 옆에서 보는 것이기에 정확한 모습은 알 수 없지만 이제 그야말로 동고비만이 드나들 수 있는 아주 좁은 새로운 입구가 완성된 것이 틀림없어 보입니다. 좁은 입구를 드나들고 있다는 것은 둥지를 짓는 동고비의 등과 배에 항상 진흙이 묻어 있는 것으로 알 수 있습니다.

그런데 동고비가 새로운 둥지를 드나드는 모습이 무척 불편해 보입니다. 밖에서 안으로 들어갈 때 몸을 비비며 들어가는 것이야 다른 새들은 들어오지 못하게 좁히느라 그렇다 치더라도, 안에서 밖으로 나오는 모습은 우스꽝스럽기까지 합니다. 가슴을 앞으로 내밀고 머리는 뒤로 젖히는 자세로 천천히 조심스럽게 나오다 다시 뚝 떨어지듯 불안하게 빠져나오는데, 더러는 실제로 떨어지기도 합니다. 마치 자기 키보다 훨씬 낮은 장대를 허리를 구부린 채 통과해야 하는 림보 자세와 비슷합니다.

한두 번도 아니고 계속해서 이러한 자세로 둥지를 빠져나오는 것을 보면, 터널처럼 생긴 좁은 통로가 둥지 입구에서 아래쪽으로 이어져 있다는 것 말고는 달리 생각할 길이 없습니다. 머릿속에 떠오르는 그림은 깔때기를 뒤집어놓은 구조입니다. 그렇다면 둥지 안에서 볼 때 좁은 통로는 위쪽에 위치하는 꼴이 됩니다. 따라서 다리로 바닥이나 벽을 잡고 그대로 통과하면 머리가 나오고 이어 몸통이 나올 텐데, 문제는 아직 다리가 빠져나오지 못하여 어딘가를 짚을 수 없는 상태가 되므로 가슴

↑ 동고비가 둥지 밖을 빙빙 돌며
새로운 입구를 만들고 있습니다.

을 내밀고 다리를 밖으로 빼기 위하여 뚝 떨어지듯 나오는 것으로 보입니다.

　오랜 진화의 과정을 거쳐 현재까지 종을 보존하고 있는 동고비가 이렇게 불편한 구조의 둥지를 계속 짓고 있는 것에는 나름의 피할 수 없는 이유가 있을 것이며, 어쩌면 불편함을 뛰어넘는 장점이 있을지도 모릅니다. 새의 둥지는 드나들기 편해야 하며, 견고하고 안전해야 합니다. 그러나 그러한 조건을 다 갖출 수 없다면 선택을 해야 하는데, 동고비는 둥지를 드나드는 과정에 있어서의 편리함보다 둥지의 견고성과 안전을 선택한 것일지도 모른다는 생각이 듭니다. 그러한 면에서 지금까지 둥지를 짓는 동고비가 나른 진흙의 양이 엄청나게 많았다는 것에 주목할 필요가 있습니다. 콩알 크기의 진흙을 하루에 50번 가까이 나른 날만 해도 22일이며, 비가 온

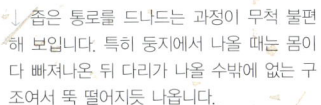
↙ 좁은 통로를 드나드는 과정이 무척 불편해 보입니다. 특히 둥지에서 나올 때는 몸이 다 빠져나온 뒤 다리가 나올 수밖에 없는 구조여서 뚝 떨어지듯 나옵니다.

↑ 딱따구리의 옛 둥지 안쪽에 진흙으로 좁혀진 새로운 입구가 만들어졌습니다. 좁은 통로를 드나드느라 등과 배에는 진흙이 묻어 있습니다.

77

↑ 딱따구리의 옛 둥지를 기초로 동고비의 둥지가 완성되었습니다.

어제는 100번 정도 진흙을 날랐습니다. 딱따구리 옛 둥지의 입구만 덜렁 막고 작은 구멍을 내기에는 지나치게 많은 양입니다. 동고비는 지금 딱따구리의 둥지를 미리 차지하고 있는 셈입니다. 얼마 지나지 않아 딱따구리들도 본격적인 번식기에 들어서면 언제라도 나타나 나의 둥지이니 내놓으라고 할 수도 있는 상황입니다. 나무도 뚫는 딱따구리가 진흙을 무너뜨리는 것쯤이야 일도 아닐 것입니다. 게다가 아직 제대로 굳지 않은 진흙이라면 말할 것도 없습니다. 이것이 동고비의 둥지가 강해야 하는 이유입니다. 경계를 서는 동고비가 아무리 철저히 경계를 잘 선다고 할지라도 그렇습니다. 물어 나른 진흙의 양으로 볼 때, 둥지를 짓는 동고비는 딱따구리 옛 둥지의 위쪽부터 시작해서 입구 주변을 진흙으로 거의 다 메웠을 것으로 보입니다. 진흙으로 메워진 곳에 통로를 내려면 터널을 만드는 것 말고는 다른 길이 없습니다. 그리고 통로의 장점으로는 둥지 안으로 직접 들어가지 않고도 입구 정도에서 둥지의 내부를 살필 수 있다는 것을 들 수 있습니다. 나중에 어린 새들을 키우려면 둥지 밖에서 둥지 내부의 정황을 살펴야 하는 상황이 많이 생기는데, 그럴 때 도움이 되는 구조라는 생각이 듭니다.

올바른 선택은 선택하지 않은 것을 잡지 않고 버리는 것이며, 또한 선택하지 않은 것에 대해 책임을 지는 것이기도 합니다. 동고비는 둥지의 견고성과 안전을 선택한 만큼 자신의 둥지임에도 몸을 비비며 간신히 들어가고 또 나올 때는 뚝뚝 떨어지기도 하는 불편함을 기꺼이 감당하고 있습니다.

오전에는 입구를 너무 좁혀 몇 번이나 몸을 비비며 들어가려다 결국 실패하고 황당한 표정을 지은 때도 있었습니다. 그렇다면 둥지를 짓는 일을 감당하는 친구는 암컷이라고 보는 것이 옳겠습니다. 수컷이 자신의 몸만 빠듯하게 들어갈 정도로 입구를 좁힌다면 점점 만삭이 되어가는 암컷이 산란을 위해 둥지 안으로 들어갈 수는 없는 노릇일 테니 말입니다. 둥지를 짓는 일과 둥지 안에서 일어나는 모든 일은 암컷이 도맡아 하고 수컷은 오직 경계를 서는 일만 전담하는 것이 분명해 보입니다.

둥지의 모습이 궁금합니다. 어쩔 수 없이 다시 둥지 정면으로 가야겠습니다. 휴식 시간을 통해 장비를 정면으로 옮기고 더 철저히 위장하기로 합니다. 오후가 되니 동고비의 둥지 모습이 제대로 드러납니다. 야구공 크기만 한 딱따구리의 둥지 입구 안쪽으로 백 원 동전 크기의 새로운 입구가 생겼습니다.

이미 번식을 치렀던 딱따구리 둥지라면 그 둥지는 둥지로서 인증을 받은 것이나 마찬가지입니다. 딱따구리의 둥지는 아무리 비가 오더라도 둥지 안으로 비가 들이치는 일이 없습니다. 햇살이 닿는 정도와 통풍도 적절합니다. 둥지 입구 앞쪽에 걸림이 없어 드나드는 것도 수월할 뿐만 아니라 둥지 입구 근처에서 일어나는 모든 정황도 쉽게 살필 수 있는 완벽한 둥지인 것입니다. 이렇게 인증된 둥지를 다시 제 몸에 맞게, 그러면서도 천적은 도저히 들어오지 못하도록 재건축하는 능력에 정말 할 말을 잃습니다.

둥지의 형태가 완성된 뒤에도 암컷은 쉼 없이 둥지를 돌봅니다. 주로 하는 일은 둥지의 표면을 다지고 다듬는 일이며, 집중적으로 진흙 다지기를 하는 곳은 원래 딱따구리 둥지의 입구와 새로 붙인 진흙과의 연결 부위입니다. 나무와 진흙이 이어지는 곳이니 아무래도 접착이 잘 되지 않을 것입니다. 지금까지는 둥지를 짓기 위해, 진흙을 나르는 중간에 둥지 바닥의 높이를 조절하기 위해 나뭇조각을 가져왔었습니다. 그러나 오후로 들어서며 둥지의 입구가 완전히 좁아짐에 따라 나르는 나뭇조각의 크기도 어쩔 수 없이 작아지더니 이제 입구가 완전히 좁아지면서 나뭇조각은 더 이상 가져오지 않습니다. 입구가 좁아 나뭇조각을 둥지 안으로 나르기 불편해지기 전에 바닥의 높이를 조절하는 것은 이미 마친 것으로 보아야겠습니다. 일 처리의 순서가 정말 깔끔합니다.

작은 계곡의 새들

봄날 첫 비로는 꽤 많은 양이 내렸습니다. 야윈 계곡을 따라 작은 물길이 다시 열리니 돌 위에 자리 잡은 이끼도 한결 더 푸른색으로 덧칠되며 생기가 돌아 이제 제법 계곡다워 보입니다. 물이 없으면 생명도 없는 것이라 계곡을 따라 흐르는 물이 많은 생명을 깨웁니다. 계곡의 물이 부르는 소리를 새들 역시 못 들은 척할 리는 없습니다.

주의 깊게 살펴보면 숲에서 새를 만나는 것이 생각보다 쉽지 않다는 것을 알게 됩니다. 아침을 챙겨 먹고 곧바로 숲에 나와 한 장소에서 위장까지 하고 꼼짝도 하지 않은 채 한낮을 다 보낸다 해도 숲에서 만날 수 있는 새는 얼마 되지 않습니다. 어느 숲이라도 큰 차이 없이 그렇습니다. 숲에 새가 없어서가 아닙니다. 새가 활발히 움직이는 시간이 있기 때문입니다. 새는 동틀 무렵 1시간과 해질 무렵 1시간 정도에 주로 움직이며, 먹이 활동을 하고 남은 시간은 대부분 쉽니다. 따라서 그 시간을 놓치면 숲에서 새를 만나는 일이 쉽지 않습니다. 심지어 번식 일정이 진행 중인 동고비도 점심 무렵이면 하던 일을 멈추고 쉬고 올 정도입니다. 하지만 새가 활발히 움직이는 시간이 아니라도 새를 불러 모을 수 있는 방법은 있습니다. 먹을 것과 마실 것을 주면 됩니다. 개인적으로 야생 상태의 새에게 먹이를 주며 불러 모으는 것은 가능하면 피합니다. 물을 주고 새를 모으는 경우는 있습니다. 한겨울, 모든 것이 꽁꽁 얼어붙어 숲에서 새가 물을 구하기 힘들 때, 적당한 크기의 용기에 물을 담아놓고 기다리면 믿기 어려울 정도로 많은 새들이 모여듭니다. 봄 가뭄이 턱까지 찬 뒤 온 비입니다. 새들은 분명 어젯밤 계곡에 마련해둔 옹달샘으로 몰려들 것입니다. 동고비의 휴식 시간을 이용해 계곡이 초대한 다른 친구들을 만나보기로 합니다.

물 마시기 편하라고 물이 조금 더 많이 모일 수 있게 돌과 흙으로 막아주고 죽은 소나무 껍질을 주변에 깔아주었을 뿐인데, 기다린 지 얼마 지나지 않아 '쭈잉 쭈잉' 하는 소리를 내며 검은머리방울새들이 무리를 지어 계곡을 향해 모여듭니다. 분명 계곡의 물을 향해 모여드는 것일 테지만 그렇다고 단숨에 오지는 않습니다. 아주 조금씩 조심스럽게 접근합니다. 앞서는 친구 몇몇이 한곳에 있다 이동하면 다음 친구들이 그 빈자리로 오고, 앞서는 친구가 다시 이동하면 뒤따라오는 친구들이 다시 잠시 비었던 그 자리를 채우는 식으로 접근을 합니다. 아무것도 보이지 않던 숲에서 새들이 하나둘씩 모습을 나타내기 시작하고, 금방 그 수가 불어 새들이 물을 향해 모여드는 모습은 정말 장관입니다. 물이 바로 내려다보이는 최종 나뭇가지까지 와서도 바로 내려앉지 않고 한참을 또 고민합니다. 위장은 충분히 하고 있으나 그래도 나의 존재를 모를 리가 없는데 날아가지 않는 것을 보면, 다행히 나를 크게

↑ **검은머리방울새**는 우리나라 전역에서 월동하는 겨울새로, 몸길이는 12~13센티미터이며, 수컷은 머리 꼭대기가 검은색입니다.

의식하는 것 같지는 않습니다. 한동안 주위를 살피던 한 친구가 드디어 나뭇가지를 떠나 물가로 내려와 아주 짧은 시간에 물을 마시고 떠나자 뒤를 이어 몇 마리씩 내려와 또 아주 급하게 물을 마시고 떠납니다.

이 드넓은 숲에 비하면 작은 물줄기에 마련한 옹달샘은 점에 해당합니다. 처음에는 어찌 이리도 물을 쉽게 찾을까 참 신기하다는 생각이 들었는데, 조금 더 생각

↑ **박새과**의 모든 새들이 물을 마시고 목욕을 하기 위해 계곡에 모여들었습니다.

해보면 그것은 절대로 신기한 일이 아닙니다. 나는 새에 대해 어느 정도 알고 있고, 게다가 좋아하기까지 하면서도 잠시 새를 우습게 여긴 것입니다. 그런 능력이 없었더라면 새가 그 오랜 시간 동안 종을 유지하는 것은 불가능한 일이었을 테니 숲에서 손을 모아 몇 번 퍼내면 없어질 정도의 물이 고여 있는 곳도 정확히 찾을 수 있는 것은 새의 아주 기본적인 능력에 해당하는 것으로 보아야겠습니다.

검은머리방울새가 떠나자 바로 박새, 진박새, 쇠박새, 곤줄박이의 순서로 박새과의 새들이 총출동하여 물을 마시러 옵니다. 이 친구들은 서로 섞여 오기도 하는데, 계곡에 접근하는 방식은 검은머리방울새와 거의 같지만 경계심을 보이는 정도는 많이 다릅니다. 한 나뭇가지에서 다른 나뭇가지로 이동하며 계곡에 모여드는 속도가 무척 빠르고, 게다가 고맙게도 나의 존재는 아예 무시하는 듯합니다. 계곡에 이르러서는 오히려 느긋하게 물을 마시고 더러 목욕을 하기도 합니다. 공중을 나는 새들에게 있어서 날개는 생명과도 같습니다. 따라서 틈만 나면 날개의 깃을 손질하며 청결을 유지하는데, 날개깃의 청결을 유지하는 가장 좋은 방법은 목욕이기에 새들은 목욕을 자주하고 또 좋아합니다.

박새과의 새들이 떠나자 동박새가 모습을 드러냅니다. 동박새는 이름에서 언뜻 박새과로 여길 수 있지만 동박새과의 새입니다. 우리나라에 서식하는 동박새과의 새에는 동박새와 통과철새인 한국동박새 2종이 있습니다. 동박새의 몸에 녹색이 많이 분포해 있는 것으로 볼 때 기본적으로 따듯한 지역에 서식하는 새라는 것을 짐작할 수 있습니다. 실제로 동박새는 남해안의 도서지방에 주로 서식하지만 남부 내륙 지역에도 분포하며 특히 동백꽃의 꿀을 즐겨 먹는 텃새입니다.

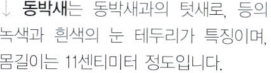

↓ **동박새**는 동박새과의 텃새로, 등의 녹색과 흰색의 눈 테두리가 특징이며, 몸길이는 11센티미터 정도입니다.

오랜 가뭄 끝이라 더없이 귀하고 간절했을 물일 텐데 그러한 물을 두고도 새들이 서로 다투지 않는 것이 신통합니다. 아주 숨이 넘어갈 정도의 상황이 아니라면 일부러 충돌이 일어날 지경으로 치닫지는 않아 보입니다. 주변에 있다가 계곡이 비어 있을 때 물가로 내려앉는 것이 대부분이며, 목욕을 하더라도 계곡의 물을 홀로 차지한 채 오래 버티지는 않습니다. 동박새의 뒤를 이어 몸집이 조금 큰 친구가 나

← **흰배지빠귀**는 딱새과의 텃새로, 몸길이는 23센티미터 정도이며 '꼬로, 꼬로, 꼬로로' 소리를 내며 웁니다.
→ **노랑턱멧새**는 멧새과의 텃새로, 몸길이는 15센티미터 정도이며 암컷은 검은색의 댕기와 가슴 무늬가 없습니다.

타납니다. 흰배지빠귀입니다. 흰배지빠귀는 접근하는 방식이 조금 다릅니다. 계곡이 있는 곳에서 한참 떨어진 곳으로부터 땅으로 내려와 깡충깡충 뛰듯이 이동하여 물가로 옵니다. 흰배지빠귀는 꽤 목이 말랐었나 봅니다. 벌컥벌컥 들이키듯 물을 마시고 떠납니다. 다시 한 번 검은머리방울새 무리가 우르르 몰려왔다 또 그렇게 우르르 떠난 뒤로 '치칫, 치칫' 소리를 내며 노랑턱멧새가 나타납니다.

아…… 귀한 몸께서도 결국 물을 마시러 나뭇가지에서 내려옵니다. 봄가을에 우리나라를 통과하는 나그네새이기도 하며, 드문 경우이지만 지금 이곳과 같이 남부지방에서는 월동도 하는 유리딱새입니다. 유리딱새는 생김새도 그렇지만 새침데기 같은 구석이 있습니다. 근처에 왔다가도 다른 새들이 물을 마시고 있으면 잠시도 기다리지 않고 휙 날아갔다가 얼마 뒤에 다시 옵니다. 3번을 그리하며 나의 애를

↑ **유리딱새** 수컷이 물을 마신 뒤 목욕을 하는 모습입니다. 새의 이름에 '유리'가 붙어 있는 경우 몸에 푸른색이 많습니다.

태우더니 이제 빈 계곡으로 내려와 천천히 물을 마신 뒤 신나게 물장구를 치며 목욕을 하고 떠납니다.

숲의 노래꾼 직박구리 역시 갈증이 나지 않을 리 없습니다. 직박구리는 한 쌍으로 보이는 2마리가 같이 왔는데, 물 마시는 것까지도 저리 할 필요가 있나 싶을 정도로 위계질서가 아주 확실합니다. 먹이를 먹을 때 그 순서가 아주 철저한 것은 자주 보았으나 물을 마시는 것까지 질서를 지킬 줄은 몰랐습니다. 한쪽이 물을 다 마

실 동안 한쪽은 옆에서 그림처럼 가만히 기다려야 합니다. 직박구리도 흰배지빠귀처럼 경계심이 무척 강합니다. 그러고 보니 생각과는 반대로 작은 새들보다 큰 새들이 오히려 더 경계심을 강하게 나타내고 있습니다. 몸집이 커서 천적에게 더 쉽게 노출될 것을 고려하면 그럴 만하기도 합니다.

힝둥새도 '쯔잇, 쯔잇' 소리를 내며 계곡을 찾아왔습니다. 10여 마리는 되어 보입니다. 힝둥새는 노랑할미새, 알락할미새, 백할미새, 검은턱할미새, 검은등할미새와 함께 할미새과에 속하는 새로, 하천 주변은 물론 숲의 가장자리, 농경지, 도심의 숲에서도 만날 수 있습니다. 할미새과의 새들은 가만히 있을 때 특히 꼬리를 위아래로 까딱까딱 흔드는 행동을 자주 하는데 힝둥새도 마찬가지입니다. 물에 접근하는 방식은 흰배지빠귀처럼 계곡에서 조금 떨어진 곳에서부터 땅 위를 걷듯이 이동합니다.

전혀 예상하지 못한 새가 계곡에 나타났습니다. 계곡은 작은 새를 부르고, 작은 새는 다시 더 크고 사나운 새를 부른 것입니다. 새매가 소리도 없이 슬며시 나타나 계곡이 잘 보이는 소나무의 죽은 가지에 앉아 누군가를 기다리고 있습니다. 노리는 새는 무리를 지어 물을 마시러 오는 검은머리방울새였던 모양입니다. 다시 한 번 검은머리방울새 한 무리가 몰려왔고, 줄을 이어 나뭇가지를 떠나 계곡으로 내려오는 것 중 하나를 공중에서 그대로 낚아채 갑니다. 깃털의 무늬로 보아 아직 어린 새

← 숲의 노래꾼 **직박구리**입니다. 우리나라 전역에 서식하는 텃새로, 몸길이는 20센티미터 정도입니다. 다양한 소리로 울며, 한 마리가 울면 차례로 모여드는 습성이 있습니다.

→ **힝둥새**는 할미새과의 나그네새이며, 몸길이는 15센티미터 정도입니다.

↑ 어린 **새매**가 물을 마시러 계곡에 모여드는 작은 새들을 노려보고 있습니다.

의 모습을 벗어나지 못했지만 그래도 새매는 새매입니다.

너무 오래 계곡에서 지체했나 봅니다. 동고비가 휴식을 마쳤다는 소리를 내며 둥지에 돌아온 지도 꽤 되었습니다. 한 번에 두 가지를 다 본다는 것은 분명 욕심입니다. 갑자기 마음이 바빠집니다. 발걸음을 재촉해 동고비의 둥지로 돌아갑니다.

나무껍질 나르기

3월도 막바지에 접어들어 동고비를 만난 지 한 달이 가까워집니다. 올해는 지난해에 비하여 꽃이 피고 또 지는 것이 일주일 정도 빠른 듯합니다. 매화가 이제 꽃잎을 다 지우셨네 하며 산모퉁이 하나를 돌아서니, 어제까지만 해도 시치미를 떼고 서 있던 산벚나무가 활짝 웃고 있습니다. 산모퉁이를 하나 더 돌면 진달래 가족이 옹기종기 모여 있는 야트막한 산기슭이 나옵니다. 오늘은 아직도 곤한 잠을 자고 있는 진달래 가족 사이로 마음 급한 진달래 하나가 철없이 꽃잎을 열었습니다. 역시 진달래는 진달래입니다. 무척이나 수줍은 모습으로 서 있으니 말입니다. 동고비 둥지의 맞은편 계곡으로 그늘이 오래 드리우는 곳이 있습니다. 자주괴불주머니의 보라색 꽃이 갈색의 낙엽 사이로 다닥다닥 피어나 잠시만 만날 수 있는 아침 햇살을 맞아 빛납니다.

어젯밤부터 몸이 슬쩍 고장이 나서 동고비보다 조금 늦게 둥지에 이르렀더니 동고비가 먼저 다가와 인사를 합니다. 동고비는 사람에 대한 경계심이 그리 강한 새가 아닙니다. 손바닥에 땅콩과 같은 먹이를 올려놓고 조금 기다리면 내려와 앉기도 합니다. 하지만 지금은 번식 일정을 치르고 있는 친구들이기에 그 어느 것도 간섭하지 않았습니다. 그런데도 한 달 가까이 하루 종일 그들과 일정을 같이해서 그런지 이제 동고비가 먼저 나하고 친구를 하자 합니다. 공중의 길이 다 저희들의 것일 텐데도 나의 머리 위로 지나다닐 때가 많으며, 먹이를 주지 않는데도 손을 뻗으면 닿을 거리까지 접근을 하기도 합니다. 위장을 하고는 있지만 한번은 모자 위에 내려앉은 적도 있습니다. 동고비는 나의 모자 위에서 자유롭게 놀고, 나는 동고비가 놀랄까 봐 죽은 듯 서 있고, 조금 우스운 모습이 연출되기도 했는데 그만큼 둥지의 형태까지 갖춰놓은 지금은 번식 일정에 여유가 있는 모양입니다.

둥지에 바른 진흙이 서서히 말라가며 나무의 껍질 색과 비슷해져 둥지의 위치를 이미 알고 있는 것이 아니라면 둥지를 구분하는 것이 쉽지 않습니다. 지나는 사람들 중 더러 도대체 어디를 보고 있는 것이냐고 물을 때가 있는데, 손가락으로 가리키며 자세히 설명해주어도 제대로 찾지를 못하여 렌즈를 통해 보여줘야 할 때가 많을 정도입니다. 둥지의 모양이 갖춰짐에 따라 진흙을 나르는 일은 아주 뜸해지고 있으며, 진흙의 크기도 무척 작습니다. 이제는 주로 둥지의 바깥쪽을 다지는 작업과 진흙이 마르며 갈라진 틈을 보수하는 정도의 작은 공사만 이루어집니다. 그리고 금이 간 곳을 메우기 위해 가져오는 진흙은 성분이 조금 달라 보입니다. 유기질 성분이 많이 포함된 어두운 색의 진흙을 가져오며, 이런 진흙을 바깥벽에 붙이면 보통의 진흙과 달리 까맣게 표가 납니다. 아무튼 용도에 꼭 맞는 다양한 성분의 진흙을 나르는 것은 분명해 보입니다.

↑ 둥지의 안전에 대한 암컷의 마음 씀은 끝이 없습니다. 입구에서 멀리 있는 곳에 실금 하나가 생겼을 뿐인데도 진흙으로 덮어 보수 공사를 합니다.

　둥지의 모습이 온전히 갖춰져 있으니 그저 진흙이 완전히 마르기만을 가만히 기다리면 될 것 같은데도 동고비 암컷은 잠시도 쉬지 않고 둥지 바깥쪽 벽에 발라놓은 진흙을 다지고 또 다지는 일을 반복합니다. 만약 이렇게 철저히 다지지 않는다면 진흙이 마르며 수축이 일어나 이곳저곳에 쩍쩍 금이 가고 말 것이라는 생각이 들기는 합니다. 현재 동고비의 둥지에는 아주 짧은 실금이 나 있고, 그 정도면 아무 문제가 없어 보이는데도 동고비는 집중적으로 보수 공사를 하고 있습니다.

　실금이 난 곳 위에 작은 크기의 진흙을 놓고 얇게 펴서 실금을 덮

을 때까지 도대체 몇 번이나 부리로 쪼는지 세어보았더니 255번을 그리하고 있었습니다. 물론 몇 번 정도는 다 세지 못하고 놓쳤을 수도 있습니다. 요즈음 동고비 암컷의 일상이 이러하니 지금은 그 뾰족했던 부리의 끝이 닳아 뭉뚝해져 있습니다.

 둥지의 입구가 완전히 좁혀지자 나뭇조각은 더 이상 가져오지 않고 대신 아주 얇은 나무껍질을 가져오기 시작합니다. 나무껍질은 둥지에서 30미터 정도 떨어진 곳에서부터 산책로를 따라 죽 늘어서 있는 무궁화나무에서 주로 가져옵니다. 무궁화나무는 심은 지 오래되어 보기 드물 정도로 키가 큽니다. 나무껍질을 가져오는 나무로 무

↑ 틈만 나면 진흙 벽을 다지고 또 다지느라 뾰족하던 부리 끝이 닳아 뭉뚝해졌습니다.

↓ 동고비 암컷이 나르는 나무껍질은 근처에 있는 무궁화나무에서 주로 가져옵니다. 그러나 동고비가 나무껍질을 가져오는 나무가 따로 정해져 있는 것 같지는 않습니다.

↑ 동고비 암컷이 나뭇조각에 이어 얇은 나무껍질을 가져옵니다.

궁화나무를 선택하는 데에 특별한 이유가 있는 것 같지는 않습니다. 근처에서 얇은 나무껍질이 있는 곳을 찾다 보니 그것이 이 지역의 경우 무궁화나무인 것 같습니다. 며칠이 지나자 더러 소나무의 얇은 껍질을 가져오는 것을 보아도 그렇습니다.

특별한 점이 있습니다. 동고비가 나무껍질을 가져올 때 한 나무에서만 가져오지 않고 나무를 바꿔가며 가져오는 것입니다. 줄을 이어 서 있는 무궁화나무 중에서 한 번은 이 나무에서, 그다음은 그 옆 나무에서, 그다음은 또 그 옆의 나무에서 가져오는 식입니다. 물론 눈으로 구분할 수 없는 어떤 차이가 있는 것인지는 알 수 없으나 차이가 없다고 가정하면 그것은 오랜 시간 자연과 더불어 진화하는 과정을 통해 학습된 행동으로 자원의 고갈을 방지하는 전략이 아닐까 싶습니다.

동고비의 둥지 가까운 곳에서 지금 곤줄박이도 전봇대에 뚫려 있는 작은 구멍을 이용해 둥지를 짓기 시작했습니다. 곤줄박이가 둥지를 짓는 재료는 이끼인데, 이끼를 물고 오는 것을 보면 역시 한곳에서 이끼를 가져오는 것이 아닙니다. 여기서 조금, 또 다른 곳에서 조금, 이렇게 시계 방향 또는 반시계 방향으로 돌며 이끼를 가져오는데, 어느 방향이든 한 바퀴를 돌면 이끼를 가져오는 곳이 또 달라집니다. 이끼를 가져오는 곳마다 이끼가 아주 많은데도 그리합니다. 필요한 것이 있더라도 그것을 아주 바닥이 날 때까지 취하지는 않습니다. 아무리 생각해도 꼭 배워야 할 모습입니다.

둥지의 높이를 조절하기 위해 나뭇조각을 가져온 것이었다면, 둥지 바닥을 폭신하게 하기 위해 나무껍질을 가져왔을 것입니다. 둥지 바닥은 나중에 알이 놓일 곳입니다. 마른 풀이나 이끼로 둥지를 짓는 새들의 경우 따로 바닥을 폭신하게 할 재료를 가져오지는 않습니다. 마른 풀이나 이끼 자체가 알을 충격으로부터 보호해 주며, 보온 효과도 높기 때문입니다. 그러나 나무에 구멍을 파서 만드는 딱따구리 둥지는 바닥이 딱딱할 수밖에 없기 때문에 바닥을 폭신하게 할 재료가 필요하게 됩

← **곤줄박이**가 둥지를 짓기 위해 이끼를 뜯고 있습니다. 하지만 한곳에 있는 이끼가 바닥이 날 때까지 취하는 법은 없습니다.

니다. 그렇다고 해서 딱따구리가 둥지가 완성된 후 밖에서 따로 바닥 재료를 가져오지는 않습니다. 나무를 파며 생긴 큰 조각들은 모두 밖으로 버리지만 아주 작은 부스러기는 그대로 두어 둥지가 완성될 때면 자연스럽게 바닥에는 톱밥이 쌓이게 됩니다. 결국 둥지 바닥을 폭신하게 하기 위하여 딱따구리는 톱밥을 깔고 동고비는 대팻밥을 깐다고 생각하면 되겠습니다. 동고비가 나르는 나무껍질도 시간이 지남에 따라 점점 더 얇고 작아집니다.

진흙을 나를 때와는 달리 비가 오는 날이면 얇은 나무껍질을 가져오는 일은 하지 않습니다. 젖은 나무껍질을 바닥에 깔고 싶지는 않은 모양입니다. 동고비의 둥지 자체가 딱따구리의 둥지를 기초로 하는 것이라 사발 모양처럼 위가 열려 있어 통풍이 원활한 다른 새들의 둥지 구조와는 다르므로 비에 젖은 눅눅한 나무껍질을 바

→ 암컷은 둥지를 다듬고 나무껍질을 나르느라 분주하지만 수컷은 여전히 은단풍꽃을 따 먹으며 쉴 수 있을 정도로 한가롭습니다.

닥에 까는 것이 둥지 관리 차원에서 비위생적이라는 것을 알고 있는 듯합니다.

나뭇조각에 이어 나무껍질을 나르는 것도 암컷이 전담합니다. 수컷은 여전히 경계의 임무만 담당합니다. 하지만 그 날카롭던 부리가 뭉뚝해질 정도로 쉼 없이 둥지를 돌보는 암컷에 비해 수컷의 경계 임무는 아무래도 수월해 보입니다. 실제로 수컷은 경계를 서면서도 은단풍꽃을 따 먹을 수 있을 정도의 여유는 있으니 말입니다.

다행히 수컷도 스스로 역할 분담의 저울이 한쪽으로 많이 기울어져 있는 상황을 감지하고 있나 봅니다. 그렇다고 아주 열심히는 아니지만 암컷을 위해 틈틈이 봉사를 합니다. 암컷에게 먹이를 물어다 주기도 하고 나무껍질을 물어다 주기도 하는데, 암컷이 둥지를 다지는 일은 거의 대부분 둥지 입구에서 이루어지기 때문에 수컷이 먹이를 전해주는 것과 나무껍질을 전해주는 것은 자연히 둥지 입구에서 이루

← 수컷이 암컷에게 주려고 먹이를 구해 왔습니다.

← 수컷이 암컷에게 먹이뿐만 아니라 나무껍질을 전해주기도 합니다.

어집니다.

    수컷이 먹이를 가져왔는데 암컷이 둥지를 잠시 비우고 없을 때가 있습니다. 그럴 때는 둥지 입구에서 암컷이 오기를 기다리거나 경계를 서는 위치로 되돌아가서 경계를 서다 암컷이 오면 다시 둥지로 와서 전해줍니다. 그러나 나무껍질을 가져왔는데 암컷이 둥지에 없을 때는 둥지 입구 문턱에 살며시 내려놓고 갑니다. 잠시 후 돌아와 문턱에 놓인 나무껍질을 보는 암컷의 마음이 어떨지 짐작할 수 있습니다. 시간이 흐르며 동고비의 사랑도 깊어집니다.

옛 주인의 출현

　3월도 다 지나고 4월이 되었습니다. 동고비가 둥지를 짓고 있는 은단풍은 늙어지친 상태입니다. 가슴 높이의 나무 직경인 흉고 직경이 60센티미터 정도이니 커야 할 만큼은 큰 셈입니다. 수령도 70년이 지났으니 나이를 많이 먹은 나무이기도 합니다. 딱따구리는 죽어가는 나무나 죽은 나무에 둥지를 잘 틀고, 동고비는 딱따구리의 둥지를 다시 제 몸에 맞게 바꾸는 것이니 동고비의 둥지 역시 죽어가는 나무나 죽은 나무에 있기가 쉽습니다. 은단풍은 잎보다 꽃이 먼저 피는 나무입니다. 젊은 나무라면 가지마다 붉은색 꽃이 다닥다닥 붙어 있었을 것입니다. 그러나 지금의 은단풍에는 꽃 하나 피워내지 못하는 빈 가지들이 많이 달려 있습니다. 바람이 사납게 불 때면 메마른 가지들이 딱딱 소리를 내며 부러지는데, 은단풍 밑동 주변에는 나무에 붙어 있다 떨어진 길고 짧은 가지들이 수북이 쌓여 있습니다. 둥지 주변의 가지들은 그렇지 않아도 꽃을 얼마 내밀지 못했는데 그마저 동고비가 따 먹는 바람에 더 횅해 보입니다. 그러나 동고비의 부리가 꽃마다 닿을 수는 없습니다. 동고비를 피해 남은 꽃들이 시간의 흐름을 거스르지 않고 지고 있습니다. 꽃이 진다는 것은 그 자리를 열매에게 내주었다는 뜻입니다. 아주 작은 은단풍 열매가 이제 그 모습을 드러내기 시작합니다.

3월 하순에 들어서며 주변에서 딱따구리들이 가끔씩 보이기 시작하더니 달이 바뀌면서 그 움직임이 눈에 띄게 늘었고, 딱따구리가 나무를 두드리는 소리도 여기저기서 들립니다. 딱따구리들도 번식을 위해 본격적으로 둥지를 물색하러 나서야 하는 때가 찬 것입니다. 우리나라에 서식하는 딱따구리과의 새는 청딱따구리, 까막딱따구리, 크낙새, 오색딱따구리, 큰오색딱따구리, 아물쇠딱따구리, 쇠딱따구리 등이 있으며, 모두가 텃새입니다.

세계에서 한국에만 잔존하는 유일한 아종(亞種)이었던 크낙새는 천연기념물 제197호 및 멸종위기 야생동식물 1급으로 지정되어 있으나 안타깝게도 이제 우리나라에서는 관찰사례가 없어 멸종한 것으로 보고 있으며, 북한에서도 멸종위기 직전인 것으로 알려져 있습니다.

↑ 은단풍꽃이 지며 그 자리에 열매가 맺히기 시작합니다.

보고 싶은 대상이 있는데 항상 곁에 있다면 가장 기쁜 일일 것입니다. 곁은 아니더라도 가까운 거리에 있다면 행복한 일입니다. 멀리 있더라도 항상 그곳에 있기에 만날 수 있다면 그것도 분명 고마운 일입니다. 그러니 가까이에 있든 멀리에 있든 틀림없이 있었던 어떤 대상이 어느 날 갑자기 사라져버리고 없다면 그것은 정말 슬픈 일일 것입니다. 지구촌에서는 매일 140종 정도의 생명체들이 사라지고 있으며, 우리나라 역시 매일 한 종의 생명체가 우리 곁을 영영 떠나는 멸종의 길로 들어선다고 합니다. 우리가 다 알지 못하거나 혹 무심코 지나쳐서 그렇지 생태계를 이루는 생명체들은 모두 피하거나 끊을 수 없는 끈으로 연결되어 있다고 믿습니다. 따라서 한 종의 멸종은 필연적으로 다른 종의 소멸로 이어지며, 그 순서의 끝이 아닌 어디쯤에 결국 우리도 줄을 서서 기다리고 있는 중이라는 생각에는 변함이 없습니다.

까막딱따구리는 천연기념물 제242호이자 멸종위기 야생동식물 2급으로 지정되어 있는 흔히 볼 수 없는 새입니다. 크낙새와 마찬가지로 몸길이가 46센티미터에 이르는 대형 딱따구리로, 배 부분만 하얀 크낙새와 달리 몸 전체가 검정색입니다. 현재 까막딱따구리는 주로 우리나라 북위 38도 부근의 일부 지역에서 그 서식이 확인되고 있습니다. 아물쇠딱따구리 역시 1960년대까지는 경기도 광릉과 지리산에서 쉽게 눈에 띄었다는 보고가 있으나 이제는 무척 만나기 어려운 새가 되었습니다. 개인적으로도 몇 해에 걸쳐 지리산 자락을 더듬으며 아물쇠딱따구리를 찾아보았으나 아직 만나지 못하고 있는 실정입니다. 청딱따구리, 오색딱따구리, 큰오색딱따구리, 그리고 쇠딱따구리는 지성으로 숲을 찾아다닌다면 분명 만날 수 있는 새입니다. 그중 큰오색딱따구리는 아직 천연기념물이나 멸종위기동물로 지정되어 있지는 않지만 점점 만나기 힘들어지고 있는 새에 해당합니다. 유럽의 많은 나라에서는 큰오색딱따구리를 건강한 숲에 대한 지표종(指標種, indicator species)으로 삼고 있습니

↑ **까막딱따구리** 수컷입니다. 수컷은 머리 윗부분 전체가 붉은 색입니다. 몸길이는 46센티미터 정도입니다.

↓ 까막딱따구리 암컷은 뒷머리 부분에만 붉은 털이 돋아 있습니다. 때문에 각도에 따라 붉은 털이 없는 것처럼 보이는 경우도 있습니다.

↑ **청딱따구리** 수컷은 머리에 붉은색이 있고 암컷은 없습니다. 몸길이는 30센티미터 정도입니다.

↓ **큰오색딱따구리** 수컷은 머리 윗부분 전체가 붉은색이고, 암컷은 붉은색이 없습니다. 몸길이는 25센티미터 정도입니다.

다. 지표종이란 특정한 지역의 환경 상태를 측정하는 척도로 이용하는 생물을 말하는데, 어떤 숲에 큰오색딱따구리가 서식하고 있다면 일단 그 숲은 건강한 숲으로 본다는 뜻입니다. 쇠딱따구리는 딱따구리 무리 중에서 크기가 가장 작은 딱따구리입니다. 새의 이름 앞에 붙는 '쇠'는 '작다'는 뜻입니다.

딱따구리 종류의 수컷은 모두 어떠한 형태로든 머리에 붉은색 털이 돋아나 있습니다. 크기가 무척 작고 부리는 마치 방금 깎아놓은 연필심처럼 생긴 쇠딱따구리마저 수컷의 경우 눈 뒤쪽으로 양쪽에 자그마한 붉은 점이 앙증맞게 찍혀 있습니다. 예외로 까막딱따구리의 경우는 암컷도 머리에 붉은색 털이 있기는 합니다. 그러나 수컷은 머리 윗부분 전체가 붉은색인 반면 암컷은 뒷머리만이 붉은색이므로 수컷과 쉽게 구별됩니다. 현재 청딱따구리, 오색딱따구리, 큰오색딱따구리, 그리고 쇠딱따구리는 서울시 보호야생동물로 지정되어 보호를 받고 있습니다.

4월에 들어서니 딱따구리만 분주해지는 것이 아닙니다. 다른 새들의 움직임도 부산해짐과 동시에 대부분의 새들이 쌍을 이뤄 다닙니다. 박새, 쇠박새, 진박새, 곤줄박이, 오목눈이, 붉은머리오목눈이, 직박구리, 딱새, 멧비둘기, 어치…… 모두 혼자가 아니라 제 짝과 함께 다닙니다. 본격적으로 새들의 번식기가 시작된 것입니다. 덩달아 한 달에 걸쳐 온갖 정성을 다해 만든 동고비의 둥지에 눈독을 들이는 친구들도 부쩍 늘어났습니다. 이제 경계를 서는 동고비가 한량의 생활을 청산하고 정신을 바짝 차려야 하는 시간이 닥쳐온 것이기도 합니다.

물론 동고비에게 가장 위협적인 존재는 둥지의 원래 주인이었던 딱따구리들입니다. 이 지역에 까막딱따구리는 서식하지 않으니 문제가 될 것은 없습니다. 가장 몸집이 작은 쇠딱따구리의 경우 더러 둥지에 관심을 보이기는 하지만 동고비의 적수가 되지는 못합니다. 따라서 동고비가 막아내야 할 딱따구리는 오색딱따구리, 큰오색딱따구리, 그리고 청딱따구리 이렇게 3종입니다. 둥지를 되찾으려는 딱따구리

↑ **오색딱따구리** 수컷은 까막딱따구리 암컷처럼 머리 뒷부분만 붉은색이고 암컷은 붉은색이 없습니다. 몸길이는 23센티미터 정도입니다.

↓ **쇠딱따구리** 수컷은 눈 뒤로 작은 붉은색 점이 있고, 암컷은 그 자리에 검은색 점이 있습니다. 몸길이는 13센티미터 정도입니다.

와 이제는 내가 주인이라며 둥지를 지키려는 동고비 사이의 전쟁은 수컷 사이에서만 일어납니다. 번식을 치를 둥지를 물색하러 다니는 딱따구리도 주로 수컷들이며, 지은 둥지를 지키는 동고비도 수컷이기 때문입니다.

   3종의 딱따구리 중에서 동고비의 둥지에 가장 먼저 모습을 나타낸 것은 오색딱따구리였습니다. 오색딱따구리는 동고비의 둥지가 완성되기 전부터 하루에 한두 번씩은 동고비의 둥지에 관심을 보였습니다. 그러나 그때마다 경계를 서는 동고비의 매복 및 기습 공격을 당해내지 못하고 물러서더니 일주일 정도가 지나서는 아예 발길을 끊었습니다. 그냥 단념해버린 것인지 아니면 "그래, 나는 다른 곳에 다시 지으마" 하며 양보한 것인지는 알 수 없습니다.

↓ **오색딱따구리** 수컷이 동고비가 차지한 자신들의 옛 둥지를 들여다보고 있습니다.

↑ 동고비의 완성된 둥지에 **청딱따구리** 수컷이 나타났습니다.

오색딱따구리에 이어 동고비 둥지에 등장한 것은 큰오색딱따구리입니다. 큰오색딱따구리는 동고비 둥지가 있는 은단풍을 자주 찾기는 하지만 동고비의 둥지 자체에는 관심이 없어 보입니다. 동고비가 애써 리모델링까지 했으니 동고비의 둥지는 동고비의 것으로 인정하고 둥지 위쪽으로 2미터 정도의 위치에 새로 나무를 파서 둥지를 마련하려는 것으로 보이는데, 동고비는 한 나무에 두 둥지가 생기는 것을

↑ **큰오색딱따구리** 수컷은 동고비의 둥지 바로 위쪽에 새로운 둥지를 지으려 해보지만 동고비가 용납하지 않습니다.

용납하고 싶지 않은 듯 큰오색딱따구리가 출현할 때마다 기습 공격을 하여 몰아냅니다.

　　오색딱따구리와 큰오색딱따구리에 비해 덩치가 더 큰 청딱따구리는 입장이 다릅니다. 자신의 둥지를 요상하게 바꾸어놓은 것에 대해서 일단 기분이 상한 듯합니다. 자주 동고비 둥지에 나타나서 좁혀진 동고비 둥지의 입구에 부리를 넣어 후벼

파내려 하기도 하고, 마구 쪼아대기도 합니다.

　딱따구리 하면 누가 보더라도 나무에 구멍을 파는 선수인데 게다가 청딱따구리입니다. 아직 제대로 굳지도 않은 진흙이야 몇 번 부리로 쪼면 바로 무너질 수 있는 상황입니다. 아찔한 순간이지만 청딱따구리마저 날쌘 경계병 동고비의 기습 공격을 당해내지는 못합니다. 더군다나 청딱따구리가 둥지 쪽을 보고 있으면 후방에 대한 경계를 할 수 없는 상황이 됩니다. 동고비가 숨어 있다가 획획 날아다니며 몸을 쪼아대면 몸집 큰 청딱따구리도 당해낼 도리가 없어 마침내 포기하고 맙니다. 몸의 크기가 꼭 승부의 우위에 있는 것은 아님을 엿볼 수 있습니다. 그리고 이제 왜 동고비가 그렇게 일찍 둥지를 짓기 시작했는지 알겠습니다. 다른 새들, 특히 둥지의 옛 주인들이 번식을 위해 둥지에 관심을 보이기 전 둥지를 미리 완성해놓고 지키는 선점의 전략이었다는 생각이 듭니다.

　둥지 바로 옆에 있는 나뭇가지 사이로 이른 시간부터 거미가 부지런히 집을 짓더

← **청딱따구리**가 동고비의 둥지를 무너뜨리려다 동고비의 기습 공격을 받고 중심을 잃습니다. 둥지를 무너뜨리려면 둥지를 똑바로 보아야 하는데, 후방에 대한 경계를 할 수 없는 상황이 되는 그 허점을 동고비 수컷이 놓치지 않고 기습 공격을 합니다.

니 드디어 멋지게 완성을 했습니다. 웬만한 곤충들은 거의 그곳을 지나야 할 것으로 보이는 아주 좋은 위치입니다. 자연에서 부지런함이 퍽 중요한 생존 전략임을 새삼 느끼게 됩니다.

→ 부지런한 **거미**가 좋은 길목을 선점하여 집을 지었습니다. 부지런함 또한 중요한 생존 전략이 됩니다.

더 작은 새가 문제

둥지의 입구가 완전히 좁혀진 이후로 곤줄박이를 비롯하여 둥지에 관심을 보이던 새들의 발길이 뚝 끊겼습니다. 동고비 둥지를 포기한 곤줄박이는 이제 나의 렌즈 후드에까지 관심을 보이기 시작합니다. 하루에도 몇 번씩 손을 뻗으면 닿을 수 있는 거리의 후드 가장자리에 앉아 후드와 렌즈 사이의 공간을 한참씩 들여다보다 갑니다. '여기 꽤 쓸 만한데 아무래도 너무 넓은 것이 흠이로군' 하는 표정입니다. 딱따구리들도 이제는 포기를 한 것인지 아니면 양보를 한 것인지 알 수 없으나 동고비의 둥지를 거의 찾지 않습니다.

그러나 동고비를 퍽 귀찮게 하는 친구가 새롭게 등장합니다. 둥지의 형태가 갖춰짐에 따라 둥지의 입구가 무척 좁아 동고비 자신도 몸을 비비며 들어가야 할 정도지만 동고비보다 더 작은 새에게는 그마저 넓다는 것이 동고비 둥지의 허점인 셈입니다. 위협적인 존재는 아니지만 동고비의 완성된 둥지에 대해 집요할 정도로 애착을 보이는 새로운 친구는 진박새입니다. 진박새는 동고비 자신도 어렵게 드나드는 동고비의 둥지를 쉽게 들어가고 또 나올 때도 가슴을 내미는 불편한 자세 없이 편하게 나와 날아갑니다. 며칠 동안은 한 마리가 와서 탐색만 하고 가더니 오늘은 짝을 이뤄 함께 왔습니다. 새로 온 친구도 동고비의 둥지가 아주 마음에 드는 모양입니다.

진박새 입장에서 볼 때 완성된 동고비 둥지보다 더 좋은 둥지는 없을 것입니다. 진박새는 숲에 있는 새 중에서 가장 작은 새에 해당하니 동고비 둥지에는 천적이 될 수 있는 거의 모든 새들이 아예 들어올 수 없을뿐더러 나뭇조각을 쌓아놓아 높이까지 적당하게 맞춰져 있으니 금상첨화라 할 수 있습니다. 하지만 마음에 들지 않는 구석이 한 가지 있는 모양입니다. 둥지의 바닥 재료입니다. 동고비가 둥지를 비웠을 때 무단으로 출입하며 바닥에 마련한 얇은 나무껍질을 다 빼내고는 자신의 바닥 재료인 이끼를 채웁니다. 진박새도 둥지를 마련

↑ 기막힌 둥지를 찾아낸 **진박새**가 오늘은 제 짝을 데리고 왔습니다. 동고비 자신도 어렵게 드나드는 둥지를 진박새는 아주 쉽게 드나듭니다.

↑ 진박새가 동고비의 바닥 재료인 나무껍질을 **빼내고** 자신의 바닥 재료인 이끼를 넣고 있습니다.

↑ 진박새가 자기 몸집보다 큰 나뭇잎을 가져와 둥지 안으로 들어갑니다.

↑ 동고비는 진박새가 넣은 이끼를 다시 빼내버립니다.

↑ 어두움이 내리자 진박새가 하루 종일 넣은 이끼를 동고비가 한꺼번에 빼내버립니다.

하는 일이 시급한지 2마리 모두 정신없이 들락거리며 나무껍질을 빼내고 이끼를 채우고 있습니다.

한번은 진박새가 이끼 대신 커다란 나뭇잎을 가져온 적도 있습니다. 둥지의 입구 크기로 보아 좀처럼 안으로 가져가기 힘들 것으로 보았는데 이리저리 돌리며 한참을 씨름하더니 끝내 안으로 가지고 들어갑니다. 진박새의 공간 감각도 꽤 뛰어납니다. 진박새가 둥지로 가지고 들어간 나뭇잎 역시 바닥을 폭신하게 하기 위한 재료인지 아니면 다른 쓸모가 있는지는 정확하지 않습니다.

이틀 동안 동고비와 진박새는 각각 둥지의 바닥 재료로 서로 원하는 것과 그렇지 않은 것을 넣고 빼내는 실랑이를 펼칩니다.

진박새가 오는 시간도 정말 절묘합니다. 동고비가 둥지를 비우는 시간을 정확히 알고 있는 듯합니다. 게다가 동고비와 진박새의 관계에서도 몸의 크기가 꼭 경쟁의 우위에 있지만은 않다는 것이 드러납니다. 진박새가 요리조리 피하며 도망 다니면 동고비도 다 따라가 쫓아내지 못하고 포기할 때가 많습니다.

실랑이가 시작된 지 3일째 되는 날입니다.

동고비가 자리를 비운 사이 진박새가 열심히 이끼를 채워 넣어도 동고비가 이끼를 바로 치우지 않고 그대로 두고 있습니다. 어찌 보면 얇은 나무껍질이든 이끼든 바닥 재료로 크게 다를 바 없을 것이니 그냥 두려나 하는 생각이 들다가도 그렇다면 지금까지는 왜 버렸나 하는 생각에 이상하다 여겼는데 밤이 되니 그 이유를 알겠습니다. 어두움이 내리고 진박새가 더 이상 오지 않자 동고비는 진박새가 하루 종일 들락거리며 쌓아놓은 이끼를 한꺼번에 치웁니다. 가까운 곳에 버리는 것이 아니라 아주 멀리까지 가서 버리고 오고 또 버리는 과정을 반복하며 둥지를 깨끗이 치우고 숲으로 사라집니다. 둥지 냄새가 밴 이끼를 가까운 곳에 버릴 수 없는 이유도 이유려니와 먼지가 떨어질 때마다 빗자루를 들 수도 없는 노릇입니다.

동고비의 인내심의 한계는 일주일인 모양입니다. 동고비 수컷이 마치 작정이나 한 듯 먼 발치서 진박새가 둥지 안으로 들어가기만을 지키고 있습니다. 마침내 진박새가 둥지 안으로 들어가는 것을 보고도 그대로 있다가 안으로 완전히 들어가자 쏜살같이 둥지로 이동하여 입구를 장악합니다. 이어서 동고비는 날개

↑ 이끼를 넣기 위해 둥지 안으로 들어가 있는 진박새를 동고비가 둥지 입구에서 기다리고 있다가 공격합니다. 그래도 성이 차지 않은 듯 동고비는 끝까지 진박새를 추격하며 몰아냅니다.

를 쫙 펴고 몸을 최대한 크게 하며 잔뜩 화난 모습으로 진박새가 나오기를 기다리고 있습니다. 독 안에 든 쥐와 같은 신세가 된 진박새도 상황을 파악한 듯 둥지에서 나오지 않은 채 버티고 있지만 동고비도 안으로 들어가지 않고 계속 길목을 지키고 있습니다. 하지만 독 안에 든 쥐가 질 수밖에 없습니다. 결국 진박새는 동고비 수컷에게 딱 걸려 혼쭐이 나고서야 동고비의 둥지를 포기합니다.

알 낳기의 시작

동고비를 만난 지 35일이 지나 4월의 첫 번째 주말을 맞았습니다. 숲의 바닥은 아직도 겨울에 가깝지만 바닥에서 조금만 시선을 돌리면 분명 봄입니다. 이제 대부분의 키 작은 나무에는 연록의 작은 잎들이 달려 소곤거리고 있습니다. 사위밀빵의 죽은 듯 말라 있던 줄기에는 마디마다 싱그러운 잎이 열려 있고, 춘란의 꽃대도 원하는 길이로 다 자라 고운 자태의 꽃을 가뿐히 이고 있으며, 조팝나무의 좁쌀처럼 작은 흰색의 꽃은 살랑바람이 흔들어줄 때마다 아까시나무 향기인 듯도 하고 라일락 향기인 듯도 한 향기를 뿜어냅니다. 층층나무도 오늘은 기어이 잎눈을 터뜨렸지만 개나리 숲에서는 벌써 노란 꽃 사이로 녹색의 기운이 퍼집니다. 이제 개나리의 꽃은 잎을 위해 자리를 내주어야 할 때가 온 것입니다.

근래 며칠 동안 둥지를 짓는 친구가 집중적으로 했던 일은 청딱따구리가 입구를 쪼면서 진흙이 떨어져나간 2곳을 다시 진흙으로 때우는 보수 작업이었습니다. 처음에는 2곳을 동시에 보수하더니 마음을 바꿔 입구에 더 가까운 곳부터 보수 공사를 마무리한 뒤 조금 더 위쪽에 있는 곳은 나중에 보수를 합니다. 보수 공사를 하는 내내 진흙을 새로 가져와 떨어져나간 곳에 붙이고 부리로 계속해서 다지는 과정을 눈물겹게 반복합니다. 둥지를 짓는 동고비가 둥지에 들이는 정성은 정말 어디가 끝인지 모르겠습니다.

오늘도 다른 날과 거의 차이 없이 7시 즈음이 되자 동쪽 깊은 숲에서 동고비 한 쌍이 둥지를 향해 조금씩 다가오는 소리가 들립니다. 언제나 그렇듯 약간의 거리를 두고 먼저 온 경계를 서는 친구는 곧바로 둥지 입구가 바로 보이는 상수리나무에 앉아 '휫', '휫 휫', '휫 휫 휫', '휘잇 휘잇', '휘이잇 휘이잇' 하는 소리를 내주며 경계 근무를 시작하고, 조금 뒤처져서 따라온 친구는 직접 둥지로 향합니다.

↓ 청딱따구리가 쪼아 떨어져나간 진흙을 동고비가 다시 메우고 있습니다.

며칠 동안 청딱따구리로 인한 둥지의 손상을 보수하는 것 말고 암컷이 둥지를 위해 특별히 하는 일은 없었습니다. 가끔 바깥벽을 다듬는 것이 전부였기에 둥지 안으로 들어가는 일은 거의 없었고, 들어가더라도 바로 나오고는 했었습니다. 그런데 오늘은 둥지 바깥벽을 몇 번 부리로 두드리듯 다듬더니 바로 안으로 들어가 오랫동안 나오지 않습니다. 경계를 서는 친구도 유난히 비장해 보입니다. 둥지 안으로 들어가 얼굴 한 번 내밀지 않던 친구가 약 10분이 지나자 둥지 밖으로 빠져나옵니다. 이런 적은 없었습니다. 드디어 첫 번째 알을 낳은 모양입니다. 둥지를 짓는 동고비가 둥지를 쉼 없이 돌보며 보수 공사를 마무리했던 것은 둥지의 안전이 필수적인 산란의 때가 되었기 때문이었나 봅니다. 이제야 분명해졌습니다. 지금까지 둥지를 짓느라 진흙을 나르고 그 진흙을 다지느라 부리까지 뭉뚝해져버린 친구는 암컷이었고, 둥지 안으로는 한 번도 들어가지 않은 채 뾰족한 부리로 오직 경계만을 섰던 친구는 수컷입니다.

↑ 둥지에서 알 낳기가 이루어지는 동안 경계를 서는 동고비가 둥지가 잘 보이는 둥지 맞은편 나무에 앉아 눈길 한 번 딴 곳으로 흘리지 않고 경계를 서고 있습니다.

    오후로 들어서며 바람이 점점 거칠어지더니 오래 지나지 않아 숲 전체가 흔들리기 시작합니다. 바람이 가장 많이 부딪치는 능선을 따라 늘어서 있는 소나무들은 모진 바람에 줄기는 좌우로 출렁이고 잎을 달고 있는 가지들은 상하로 출렁이며 몰아치는 바람을 모조리 떠안고 있습니다. 동고비 둥지 주변의 메마른 가지들도 거센 바람을 이기지 못하고 부러져나갑니다. 차갑고 매서운 바람에 기온이 뚝 떨어져 옷을 더 챙겨 입어도 몸이 떨리는 것은 어쩔 수 없을 정도입니다.

몹시 추운 날 산란이 일어났으나 암컷이 둥지 안으로 들어가는 횟수만 조금 늘었을 뿐 둥지 안에 오래 머물지 않습니다. 알을 제대로 품는 모습이 아닙니다. 동고비와 같은 작은 숲 새들은 하루에 하나의 알을 낳으며, 동고비는 보통 7개 정도의 알을 낳는 것으로 알려져 있습니다. 그러니 알 낳기는 앞으로 약 일주일에 걸쳐 일어날 것입니다. 낳은 알을 품는 방식은 종에 따라 다릅니다. 새들마다 나름의 전략이 있기 때문입니다. 알을 낳을 때마다 바로 알 품기에 들어가는 경우도 있고, 알을 다 낳은 뒤 한꺼번에 품기 시작하는 경우도 있습니다. 알을 낳을 때마다 바로 알 품기를 시작하면 알마다 부화 시기가 다를 수밖에 없고, 어쩔 수 없이 성장한 어린 새가 둥지를 떠나는 일정도 각각 다를 수밖에 없습니다. 새가 크고, 적은 수의 새끼를 키울 때에는 이런 방법이 유리한 점이 많습니다. 그러나 크기가 작고, 많은 수의 새끼를 키워야 하는 경우에는 어린 새가 거의 동시에 둥지를 떠나게 하는 것이 둥지를 떠난 어린 새의 관리 측면에서 유리합니다. 물론 어린 새가 거의 동시에 둥지를 떠나게 하려면 당연히 알은 다 낳은 뒤 품기를 시작해야 합니다. 동고비는 아마도 알을 다 낳은 뒤 또는 5~6개의 알을 낳은 무렵부터 본격적으로 알 품기를 시작할 것으로 보입니다.

둥지를 짓는 동안 동고비 한 쌍은 해가 지면 하던 일을 멈추고 다른 곳으로 가 잠을 자고 왔습니다. 그러나 이제는 상황이 다릅니다. 밤새도록 알을 방치할 수 없는 노릇이니 누군가 알을 지켜야 합니다. 밤에 알을 지키는 것이 암컷일지 수컷일지 아니면 둘 다일지 아직은 알 수 없습니다. 딱따구리과의 새들은 알을 품을 때 공통점이 있습니다. 낮에는 암수가 서로 교대를 하며 알을 품지만 밤에는 수컷만이 알을 지키며 품습니다. 까막딱따구리, 청딱따구리, 큰오색딱따구리, 오색딱따구리, 그리고 쇠딱따구리 모두 마찬가지입니다. 그런데 동고비의 경우 수컷은 지금까지 단 한 번도 둥지 안으로 들어간 적이 없습니다. 첫 번째 알을 낳은 오늘도 수컷은 둥지 안으로 들어가지 않고 경계에만 충실합니다. 그러한 수컷이 밤이라 하여 갑자기 행동을 바꿔 둥지를 지킬 확률은 낮아 보입니다.

　이미 어두움이 내렸고 꽤 늦은 시간인데도 암컷이 둥지를 떠나지 않고 있습니다. 수컷은 어두움이 시작될 무렵 둥지에 있는 암컷에게 먹이를 주고는 숲으로 사라졌습니다. 나의 눈으로 식별할 수 있는 마지막 시간까지 있어 보아도 암컷이 둥지를 떠나는 모습은 확인할 수 없습니다. 밤이 오며 동쪽 먼 숲에서는 소쩍새의 울음소리가 들리기 시작합니다. '솟쩍, 솟쩍' 울지 않고 '솟적다, 솟적다' 하며 솥이 작다고 하는 것을 보니 올해는 큰솥을 준비해야 할 만큼 풍년이 들 모양입니다.

　다음 날입니다. 아직도 어두움이 다 걷히지 않은 새벽에 서둘러 동고비의 둥지에 도착합니다. 안개 속에서도 주변이 조금씩 밝아질 무렵입니다. 동고비가 동쪽 숲 깊은 곳에서 둥지를 향해 다가오는 소리가 들립니다. 그러나 2마리가 아니라 한 마리만 둥지를 향해 접근하고 있습니다. 경계를 서는 동고비입니다. 둥지의 맞은편 상수리나무에 앉아 노래를 하자 다른 동고비가 둥지 안에서 슬쩍 고개를 내밉니다. 밤새 둥지를 지키다 고개를 내미는 친구는 부리의 끝이 뭉뚝한 암컷입니다. 둥지를 짓기 위해 진흙을 나르는 것도, 둥지 바닥의 높이를 조절하기 위해 나뭇조각을 나르는 것도, 조절된 둥지 바닥에 알을 낳을 폭신한 자리를 마련하기 위해 얇은 나무껍질을 쌓는 것도, 진박새가 수북이 채워놓은 이끼를 모조리 치우는 것도 모두 암컷의 몫이었으며, 이제 자신이 낳은 알을 밤낮으로 지키는 일마저 암컷의 몫인 것입니다. 둥지를 나선 암컷은 수컷이 앞서는 대로 따라 숲으로 가 먹이 활동을 합니다.

　밤이 오면 암컷은 둥지로 들어가고 수컷은 숲으로 갑니다. 그래서 그런지 서로 헤어질 때면 퍽 애틋합니다. 언제나 수컷이 암컷을 호위하며 둥지에 오고 둥지 안으로 암컷이 안전하게 들어간 것을 확인한 후 인사까지 하고 수컷은 숲으로 향합니다. 그렇게 며칠 동안 알 낳기의 일정이 흐릅니다.

둥지 아래 풀숲에서는

    동고비의 둥지에서 알 낳기가 일어나는 동안 은단풍 바로 뒤편 풀숲에서도 또 다른 새의 번식이 진행되고 있습니다. 지금까지 동고비의 둥지가 있는 높은 곳만 바라보느라 바닥 쪽 풀숲에서는 어떤 일이 벌어지고 있는지 제대로 살피지 못했는데, 오목눈이 암수가 함께 먹이를 물고 와 공중에서 정지비행을 하는 독특한 행동을 하는 것이 눈에 띕니다. 그것은 풀숲 어딘가에 오목눈이의 둥지가 있고, 오목눈이의 둥지에서는 벌써 부화가 일어났다는 뜻입니다. 오목눈이는 우리나라 전역에 서식하는 텃새입니다. 몸길이는 14센티미터 정도인데, 영어 이름(long-tailed tit)처럼 꼬리가 8센티미터로 무척 긴 것이 특징입니다.

    멀리서는 아무리 살펴보아도 덤불에 가려 둥지가 보이지 않았는데 오목눈이가

↑ 동고비의 둥지 아래 풀숲에서 다른 새의 번식 일정이 진행되고 있었습니다. 어미 새가 먹이를 나르고 있으니 **오목눈이**의 둥지에서는 벌써 부화가 일어났다는 뜻입니다.

내려앉는 곳을 잘 봐두었다가 암수가 먹이를 구하러 나가 둥지가 비었을 때 다가가서 보니 좀깨잎나무 마른 줄기를 지지대 삼아 잘도 지어놓은 둥지가 보입니다.

    오목눈이 둥지의 주요 재료는 이끼인데, 이끼로 지은 다른 새들의 둥지에 비하여 특이한 점이 있습니다. 다른 새들의 둥지는 대부분 위가 열려 있는 사발 모양인데 오목눈이의 둥지는 달걀을 세워놓은 것처럼 보이는 타원형입니다. 장축의 길이는 15센티미터, 단축의 길이는 10센티미터 정도이니 생긴 모습이나 크기로 볼 때 우선 떠오르는 것은 타조의 알입니다. 동그란 입구는 위쪽으로 열려 있으며, 지름이 약 3센

티미터입니다. 이끼 사이로 희끗희끗하게 보이는 것은 거미줄로, 새들이 둥지를 지을 때 사용하는 자연의 접착제입니다. 또 하나 특이한 점은 둥지 내부에 다른 새들의 깃털이 여러 겹 둘러쳐져 있다는 것입니다. 여러 겹 둘러쳐져 있는 깃털은 둥지 내부로 비가 스며드는 것을 막아주는 역할뿐만 아니라 다른 새들에 비하여 이른 시기에 번식 일정이 진행되므로 둥지의 보온 차원에서도 큰 도움이 될 것으로 여겨집니다.

오목눈이의 둥지는 대체로 높지 않은 곳에 자리 잡고 있습니다. 현재 오목눈이의 둥지도 지면으로부터 1미터가 되지 않는 곳에 있습니다. 땅의 대표적인 천적인 뱀의 공격을 피하기 힘든 높이이기 때문에 뱀이 활동하는 시기 이전에 번식 일정을 마치는 것이 중요합니다. 이것이 오목눈이의 번식 일정이 다른 새들보다 빠른 이유 중 하나가 되지 않나 싶습니다.

    새들이 번식 일정을 치르는 동안 암수는 어떠한 형태로든 힘을 모아 협업을 합니다. 협업의 유형은 크게 3가지입니다. 모든 일정을 암수가 함께하는 형태가 있고, 교대를 하는 형태가 있으며, 역할을 분담하는 형태가 있습니다. 오목눈이는 암수가 모든 일정을 함께하는 형태를 취합니다. 같이 움직이고 같이 쉽니다. 딱따구리 종류는 교대의 형태를 취합니다. 둥지를 짓고, 알을 품고, 먹이를 나르는 모든 일정을 암수가 서로 교대하며 진행하므로 한쪽이 어떤 일정을 진행하면 다른 한쪽은 쉬는 셈이 됩니다. 동고비는 암수가 서로 잘할 수 있는 일을 따라 아예 역할을 분담하고 있습니다. 3가지의 유형마다 장단점이 있으므로 새들은 종의 특성에 따라 3가지 유형 중 하나를 택하고 있다는 걸 알 수 있습니다.

홀쭉해진 암컷

4월 초순의 마지막 날로 동고비를 만난 지 40일째이며, 알 낳기가 시작된 지 5일째가 되는 날입니다. 이른 새벽부터 많은 양의 비가 쏟아지고 있습니다. 그럭저럭 주변의 모습을 분간할 수 있는 시간이 되자 거센 바람까지 보태지며 굵은 빗방울이 이리저리 날아다니고 숲은 통째로 출렁거립니다. 비를 피하기 위하여 설치한 장비들도 바람에 쓰러질 듯 위태로울 정도입니다. 북풍과 남풍이 수시로 바뀌며 닥쳐와 둥지 입구를 제외한 양쪽 옆면으로 비를 뿌립니다. 동고비를 포함하여 다른 새들의 움직임도 뚝 끊어졌고, 촬영은 거의 불가능한 지경이지만 그렇다고 장비를 접을 수는 없습니다. 모진 비바람에 산벚나무꽃은 무더기로 떨어져나가는데 키 작은 꽃다지의 앙증맞은 노란색 꽃은 끄떡없이 버티는 것이 신기합니다.

↑ 작지만 이제 은단풍 열매의
모습이 제대로 갖추어졌습니다.

　　모진 비바람에 날개조차 제대로 가누지 못하는 상황이지만 그래도 어린 새를 키워야 하는 오목눈이는 꾸준히 먹이를 물고 와 둥지로 들어갑니다. 거친 비바람이 시간마저 잡아둘 수는 없습니다. 은단풍꽃이 진 자리에는 때를 기다리고 있던 열매가 빗속에서도 진한 주황색 빛깔로 얼굴을 내밉니다. 열매는 단풍나무 종류의 전형적인 모습으로 하트 모양 또는 프로펠러를 닮았습니다.

↑ 알을 품던 암컷이 잠시 둥지를 비우면 수컷이 둥지 입구로 와서 경계를 서줍니다.

알 낳기 4일째였던 어제까지도 암컷이 둥지 안에 있는 시간은 그리 길지 않았으나 오늘은 둥지에 머무는 시간이 꽤 깁니다. 비바람으로 인해 기온이 퍽 낮아진 것이 이유의 하나는 될 것이나 고개조차 내밀지 않고 오랜 시간 둥지 안에 있는 것을 보면 아무래도 본격적으로 알 품기가 시작되지 않았나 싶습니다. 암컷이 둥지를 떠나지 않으니 수컷이 바빠집니다. 빗속에서도 먹이를 구해 암컷에게 전해주는 일

↑ 알을 낳기 시작한 지 7일째가 되자 둥지를 벗어난 암컷의 몸이 홀쭉해 보입니다.

이 잦습니다. 비가 와서 그런지 수컷이 전해주는 먹이를 암컷은 밖으로 나오지 않고 둥지 안에서 받아먹습니다. 그리고 더러 암컷이 둥지를 비우고 직접 먹이 활동을 나설 때가 있는데, 그때마다 수컷은 곧바로 둥지 입구로 와서 암컷이 올 때까지 둥지를 지킵니다. 먹이 활동을 위해 둥지를 나선 암컷은 대부분 10분이 지나지 않아 다시 둥지로 돌아옵니다.

비는 이틀 동안 지루하게 이어지다 그쳤고 이틀 만에 만나는 하늘은 더없이 맑습니다. 42일째 되는 날입니다. 알 낳기가 시작된 지 7일째이니 이제 낳은 알은 7개가 되었을 것입니다. 알 낳기가 시작되고 사나흘까지도 암컷의 배는 여전히 불룩해 보였는데, 이제는 조금 홀쭉해졌습니다. 둥지에 들어갈 때 몸을 비비며 빠듯하게 들어가지 않아도 되는 작은 여유가 생겼습니다. 이틀 전부터는 암컷이 둥지 안에 있는 시간이 부쩍 늘었습니다. 첫 번째 알을 낳은 후로 4일째까지도 암컷이 둥지 안에 있는 시간이 그리 길지 않았던 것을 보면 알을 품는 것은 알 낳기가 완전히 끝난 뒤부터가 아니라 5~6일째, 곧 5~6개의 알을 낳은 이후부터 서서히 알 품기에 들어가는 것으로 보입니다. 암컷은 현재 알 품기에 전념하고 있습니다. 둥지를 위해 하는 일은 아주 가끔씩 나무껍질을 가져오는 것과 틈틈이 둥지의 입구 쪽을 다듬는 것이 전부입니다.

둥지를 지을 때 암컷의 부리에는 언제나 진흙이 묻어 있어 수컷과 어렵지 않게 구별할 수 있었습니다. 그러나 지금은 둥지의 보수 공사까지 모두 마친 상태입니다. 암컷이 더 이상 진흙을 나르지 않는다는 뜻입니다. 따라서 암컷의 부리도 진흙이 묻어 있지 않고 깨끗하기 때문에 부리에 진흙이 묻어 있는지 그렇지 않은지를 통해서는 암컷과 수컷의 구분이 불가능해졌습니다. 물론 암컷은 여전히 둥지를 다듬는 일에 게으름을 피우지 않으므로 부리가 약간 뭉뚝하지만 먼 거리에서 아주 작은 새의 부리가 뾰족한지 뭉뚝한지를 구분하는 것이 그리 만만한 일은 아닙니다. 물론 육안으로는 불가능하며 600밀리 렌즈에 × 1.4컨버터를 연결한 망원렌즈로 관찰해도 쉽지 않습니다. 그러나 암컷이 둥지 안에 있는 시간이 조금씩 길어지며 다행히 암컷의 몸에 새로운 특징이 생겼습니다. 둥지 안에 있다가 밖으로 나오면 언제나 등 쪽의 깃털들이 위로 감아올린 듯 일어나 있습니다. 그 이유는 정확히 알 수 없지만 아무래도 둥지의 바닥이 평평하지 않은 모양입니다. 둥지 바닥의 가운데 정도에

→ 수컷은 깃털이 언제나 단정한 반면 둥지에서 대부분의 시간을 보내는 암컷은 등 쪽의 깃털이 감아올린 듯 일어나 있습니다.

↑ 암컷은 둥지를 나서면 등 쪽으로 일어난 깃털을 바로 다듬기 때문에 둥지로 돌아올 때는 다시 단정한 모습이 됩니다.

↑ 수컷이 알을 품는 암컷을 부양합니다. 암컷은 어린 새처럼 둥지 안에서 먹이를 받아먹기도 하고 밖으로 나와 기다리다 수컷이 가져온 먹이를 받기도 합니다.

알이 놓일 것을 생각하면 그곳은 암컷의 등이 잠길 정도로 오목하게 패여 있지 않을까 싶습니다. 둥지 안의 둥지처럼 말입니다. 그러나 등 쪽으로 일어난 깃털도 둥지를 나서면 바로 다듬어 손질을 하기 때문에 둥지로 다시 돌아올 때면 깃털은 매끈하고 단정하게 정리되어 있습니다.

암컷이 둥지에 있는 시간이 점차 늘어나며 자연스럽게 수컷이 암컷에게 먹이를 전해주는 횟수가 늘어납니다. 암컷은 둥지 안에서 수컷이 가져온 먹이를 받아먹기도 하고, 입구로 나와 기다리고 있다 받아먹기도 합니다. 먹이를 받아먹은 암컷은 더러 수컷이 앞서 안내하는 곳으로 따라가 먹이 활동을 하기도 합니다.

동고비는 이제 알 낳기 일정의 후반에 들어가 있을 뿐인데, 동고비의 둥지 아래 풀숲에서는 벌써 어린 오목눈이가 둥지 밖으로 고개를 내밀기 시작했습니다. 어린 오목눈이는 모두 4마리로 보입니다. 아직 눈도 제대로 뜨지 못한 녀석들이 엄마 새와 아빠 새가 오면 먹이로 가져온 애벌레를 서로 먼저 먹으려고 고개를 한껏 쳐듭니다. 오목눈이는 여전히 먹이를 가져올 때 암수가 동행을 합니다. 암수의 모습이 같아 누가 아빠 새이고 누가 엄마 새인지 알 수는 없으나 한쪽이 조금 앞서 둥지로 접근하고 다른 쪽은 조금 뒤처져서 따라옵니다. 둥지 근처에서는 정지비행을 자주 하며, 한쪽이 먹이를 주고 물러서면 곧바로 다른 쪽이 접근하여 먹이를 주고 난 다음 역시 함께 먹이를 구하러 갑니다. 잘 살펴보면 먹이를 구하러 가는 방향이 일정하지 않고 주위를 한 바퀴씩 돌며 먹이를 구해 온다는 것을 알 수 있습니다. 먹이를 구하기 쉬운 한곳으로 가서 그곳의 먹이가 고갈될 때까지 계속 그곳으로만 가는 것이 아니라 여기서 조금 또 저기서 조금 그렇게 고마워하며 먹이를 구해 옵니다. 그것이 결국 모두 같이 사는 길인 것을 몸으로 보여주고 있습니다.

가져온 먹이는 어린 새 하나의 몫이므로 엄마 새와 아빠 새가 함께 오더라도 4마리의 어린 새 중 둘은 먹이를 먹지 못합니다. 하지만 5분 정도의 간격으로 먹이를

↑ 어린 **오목눈이**가 둥지 밖으로 고개를 내밀기 시작했습니다.

가져오니 조금만 기다리면 되는 일이고, 게다가 엄마 새와 아빠 새는 바로 전 누가 먹이를 받아먹었는지 정확히 알고 있는 듯합니다.

    4월 중순에 들어서며 동고비의 둥지에 눈독을 들이는 친구들의 발걸음이 눈에 띄게 줄었습니다. 이제 저마다 나름의 둥지를 정한 모양입니다.

알
품기

　동고비를 만난 지 45일째 되는 날로, 4월 중순의 새벽입니다. 동고비가 있는 숲으로 향하는 길에 창밖으로 손을 내밀어보니 손바닥이 살짝 간지러울 정도로 가느다란 빗방울이 떨어집니다. 비는 오지만 계절이 계절이니만큼 크게 흐르는 바람이 없어 관찰과 촬영을 위한 장비를 갖추는 데 손이 시릴 정도는 아닙니다.

　뜨는 해와 관계없이 하늘은 먹구름으로 빼곡히 채워지며 점점 무거워지기만 합니다. 붉은머리오목눈이 한 쌍이 팽나무 가지 끝에 곡예를 하듯 아슬아슬하게 매달려 있고, 검은머리방울새는 높게 솟아 이리저리로 우르르 몰려다닙니다. 이제 숲에는 검은머리방울새를 제외한 모든 새들이 짝을 이뤄 다닙니다. 은단풍 열매가 며칠 사이에 제법 커서 날개 아래로 씨앗이 불룩하니 자리를 잡아 도드라지게 표가 납니다.

어제부터 암컷은 거의 둥지 안에서 시간을 보내고 있습니다. 이제 본격적으로 알 품기에 들어갔다고 보아야겠습니다. 7시 무렵이면 숲에서 밤을 지새운 수컷이 어김없이 둥지에 나타납니다. 그러나 이제는 둥지 주위에서 잠시라도 눈을 떼면 수컷이 오는 것을 알아차릴 수 없습니다. 알을 낳기 전 암수가 숲에서 잠을 자고 함께 둥지로 올 때처럼 기세당당하게 소리를 내지 않고 아주 조용히 다가오기 때문입니다. 수컷이 밤새 둥지를 지켜준 암컷을 위해 마련한 먹이를 물고 둥지 입구에 내려 앉으면, 암컷은 마치 어린 새처럼 둥지 안에서 좁은 통로를 통해 밖으로 고개를 내밀어 먹이를 받아먹고 둥지를 나섭니다. 수컷이 앞서면 암컷은 수컷의 뒤를 따르는데, 수컷은 잘 살펴둔 좋은 먹이 터로 암컷을 안내하는 듯합니다.

시간이 지나며 암컷이 둥지를 비우는 시간이 점점 더 줄어들었습니다. 그만큼 수컷은 암컷을 위해 분주히 먹이를 나릅니다. 먹이는 주로 둥지 안에서 받아먹습니다. 그러나 가끔은 입구로 나와 기다리고 있다가 받아먹기도 하는데, 이때 암컷의 행동이 아주 사랑스럽습니다. 수컷이 먹이를 가지고 둥지 근처로 오면 암컷이 수컷을 향해 날개를 살짝 펼치며 몸을 살랑살랑 흔들 듯 떠는 행동을 합니다. 대부분의 시선이 둥지 쪽에 고정되어 있는 나로서는 암컷의 이러한 행동을 통해 거꾸로 수컷이 둥지에 접근하고 있다는 것을 알게 될 때가 많습니다.

먹이를 가져온 수컷을 향해 암컷이 몸을 흔들어주는 행동은 동고비뿐만 아니라 번식 중에 있는 새들의 암수 사이에서 자주 벌

↑ 며칠 사이에 은단풍 열매가 꽤 컸습니다. 은단풍 열매가 변하는 모습이 나에게는 숲에서 흐르는 시간을 알려주는 자연의 시계처럼 느껴집니다.

↑ 이른 아침 수컷의 호위를 받으며 암컷이 둥지를 나서고 있습니다. 밤이 되면 암컷이 둥지를 지킵니다.

어지는 일입니다. 그리고 이러한 행동은 둥지를 떠난 어린 새들이 먹이를 가지고 찾아와준 어미 새를 향해 하는 행동하고도 비슷합니다. 따라서 암컷이 먹이를 가져온 수컷을 향해 몸을 흔드는 행동은 마치 어린 아이가 부모에게 무언가 떼를 쓰며 재촉할 때처럼 빨리 먹이를 달라고 보채는 모습으로 볼 수도 있고, 또 한편으로는 애써 먹이를 구해 가져다줘서 고맙다는 인사의 표시로 볼 수도 있겠습니다. 어찌 되었든 저러한 암컷의 행동에 열심히 먹이를 나르지 않을 수컷이 어디 있을까 싶을 정도로 애교스러운 행동인 것은 틀림없습니다.

그런데 암컷도 먹이를 구할 능력은 당연히 갖추고 있다는 것에 주목할 필요가 있습니다. 그러니 암컷이 둥지를 비우고 스스로 먹이를 구할 수 있고, 또한 먹이 활동을 위해 잠시 둥지를 비운다 하여 알의 부화에 문제가 생길 것도 없을 터인데 이렇게 수컷에게 먹이를 의지하는 것에는 분명 이유가 있을 것이라는 생각이 듭니다. 번식 일정은 견뎌내고 헤쳐 나가야 할 것이 수도 없이 많은 고된 일정입니다. 번식은 성공을 해야 하는 것이 당연한 일이므로 그 험난한 일정을 암수가 함께 견디고 함께 헤쳐 나간다면 성공의 가능성은 그만큼 높아지게 됩니다. 특히 동고비는 철저하게 역할 분담을 하고 있으므로 어느 한쪽이 제 몫을 성실하게 담당하지 않거나 게을리 한다면 번식 일정을 온전히 치러낸다는 것은 불가능한 일이 되고 맙니다. 또한 제 몫을 다하는 것 말고도 간절하게 필요한 것은 서로에 대한 믿음과 신뢰입니다. 새끼를 키워낸다는 것은 혼자 할 수 있는 일이 아니기 때문입니다. 암수 사이에서 먹이를 주고받는 것은 신뢰를 돈독하게 하는 방법이 됩니다. 그리고 암컷이 마치 어린 새처럼 행동하는 것은 어쩌면 수컷의 부양 능력을 확인하는 과정일 수도 있겠습니다. 그리고 지금은 다른 새들 역시 번식 일정에 들어가 있기 때문에 둥지를 노리는 새들이 거의 없는 시기입니다. 암컷이 스스로 먹이 활동까지 한다면 그야말로 수컷은 특별히 할 일이 없으므로 암컷이 어린 새처럼 행동하여 수컷을 가둬두려는 의도가 있는지도 모르겠습니다.

    물론 수컷이 전해주는 먹이가 넉넉한 것은 아니므로 암컷도 가끔 먹이 활동을 위해 직접 나서는 경우가 있습니다. 이때 빈 둥지는 수컷이 지키지만 그래도 입구에서만 경계를 설 뿐 둥지 안으로 들어가지는 않습니다. 더러 수컷이 먹이를 가져왔으나 시기를 맞추지 못하고 늦게 와 암컷이 둥지 안에 없을 때가 있습니다. 이때에도 수컷은 둥지 밖에서 통로를 통해 둥지 안에 암컷이 없는 것을 확인할 뿐이며 절대 둥지 안으로는 들어가지 않고 밖에서만 기다립니다.

    동고비 둥지에서 하루가 저무는 모습은 언제나 애틋합니다. 암컷은 둥지에 남

↑ 둥지 입구로 나와 수컷을 기다리다
수컷이 먹이를 가지고 접근하면 암컷은
몸을 살랑살랑 흔들어 화답합니다.

← 동고비가 머무는 숲에 어두움이 내립니다. 헤어짐을 앞둔 암컷과 수컷이 둥지 앞에서 잠시 머뭇거리고 있습니다.

고 수컷은 숲으로 돌아가야 하기에 어쩔 수 없이 맞아야 하는 헤어짐 때문입니다. 어두움이 내리며 수컷이 암컷에게 전해주는 오늘의 마지막 선물을 가지고 왔습니다. 둥지를 거의 떠나지 못하며 알을 품느라 등 쪽의 깃털이 더 많이 헝클어진 모습의 암컷과 먹이를 전해주고도 바로 떠나지 못하는 수컷의 모습이 오늘따라 더 애처롭게 보입니다.

47일째 되는 날입니다. 어젯밤부터 빗줄기가 더 굵어지더니 기온이 다시 뚝 떨어졌습니다. 숲은 온통 운무로 덮여 있고 둥지는 너무나 조용합니다. 스산한 날이라 수컷이 늦잠을 잤는지 평소보다 30분 가까이 늦게 둥지에 나타났고, 수컷이 준비한 먹이를 받아먹은 암컷도 수컷을 따라나서지 않습니다. 한참을 기다려도 암컷이

→ 동고비 둥지 맞은편 계곡에 홀로 서 있는 층층나무에 꽃봉오리가 맺혔습니다.

나오지 않자 수컷은 다시 먹이를 구하러 숲으로 갑니다.

식물도 살아가는 방식이 다 다릅니다. 은단풍은 꽃이 지고 열매가 클 만큼 크고 나서 이제야 잎눈이 터지는데, 서쪽 숲에 있는 층층나무는 잎이 클 만큼 큰 뒤에 꽃봉오리가 자리를 잡았습니다.

기온이 떨어져서 그런지 오늘은 암컷이 둥지 밖으로 나오는 일이 무척 뜸합니다. 둥지 안에 머무는 시간이 길면 길수록 등 쪽의 깃털이 위로 말리는 정도는 더 심합니다. 지금도 3시간이 조금 더 지나서야 둥지를 벗어났는데 깃털이 아주 심하게 말려 있습니다. 오랜만에 둥지 밖으로 나온 암컷이 둥지를 떠나서도 10분이 넘지 않게 되돌아와 둥지로 다시 들어갑니다. 오늘 같아서는 암컷의 먹이 활동 시간이 턱없이 부족할 수밖에 없으니 먹이는 전적으로 수컷에 의존해야 하는데, 수컷이 암

→ 알을 낳아 품는 암컷을 위해 수컷이 나르는 먹이 중에 독특한 것이 있습니다. 암컷을 위한 특별 영양식일 가능성이 높아 보이는데, 전문가에게 물어보아도 무엇인지 알 수 없는 것이 안타깝습니다.

컷을 위해 가져오는 먹이 중에 조금 특별해 보이는 것이 있습니다. 가장 많이 가져오는 것이기도 한데, 여러 개의 체절이 이어져 있는 기다란 모양의 곤충입니다. 아무래도 알을 낳고 또 품는 암컷을 위해 수컷이 준비한 특별 영양식 같은데, 전문가에게 자문을 구해도 어떤 곤충인지 구분할 수 없는 것이 아쉽기만 합니다.

　서쪽 하늘로 먹구름이 드리워진 채 해가 집니다. 그래도 비가 그치니 산과 먹구름 사이의 좁은 틈새로 노을이 드리워집니다. 오늘도 수컷은 해가 지자 마지막 먹이를 물고 와 암컷에게 천천히 건네주고 숲으로 향합니다. 둥지 내부는 이제 밤낮으로 암컷의 장소이며, 암컷은 알을 돌보는 일에 전념하고 수컷은 전적으로 암컷을 부양합니다. 딱따구리과 새들의 경우 산란이 일어난 이후 낮에는 암수가 교대로 알을 품다가 밤에는 오직 수컷만이 둥지를 지켰던 것을 보면 새들마다 나름대로의 방식이 있다는 것을 알 수 있습니다.

오목눈이 가족은 둥지를 떠나고

51일째 되는 날이며 이제 4월 하순으로 접어들었습니다. 비가 온 뒤라 하늘은 이보다 더 맑을 수 없겠다 싶을 만큼 깨끗하고, 그동안 강하게 몰아쳤던 북풍도 잠시 쉬었다 가려나 봅니다. 개나리 숲에서는 노란색이 완전히 사라져 온통 녹색이며, 산벚나무는 마지막 꽃잎마저 슬쩍 이는 바람에 모조리 실어 보냅니다. 자주괴불주머니 역시 꽃을 지우기 시작했으나 은단풍 열매는 이제 붉은 빛깔의 어린 티도 벗어 제법 열매다워 보이고, 며칠 전 세상과 만난 잎은 아직 작지만 구색은 제대로 갖추고 있습니다.

동고비는 아직 알을 품기에 바쁘지만 오목눈이는 벌써 어린 새를 많이 키웠습니다. 오늘은 동고비 둥지에서 시선을 아래로 내려 오목눈이의 하루와 온전히 동행

↑ 은단풍 열매가 크며 붉은 빛깔을 벗어나 녹색이 완연합니다. 잎눈도 터졌습니다.

하려 합니다. 어린 새의 모습으로 보아 사나흘 정도가 지나면 오목눈이 가족은 둥지를 떠날 것으로 보이며, 떠나면 다시 만나는 것을 기약할 수 없기 때문입니다. 그동안 오목눈이에 대하여 가장 궁금했던 것은 오목눈이 한 쌍이 어린 새를 키우기 위해 하루에 몇 번이나 먹이를 가져오느냐 하는 것이었습니다. 대부분 동고비 둥지에만 시선이 고정되어 있어 정확히 알 수는 없었으나 도대체 어디서 저런 체력이 나올까 정말 대단하다 싶을 정도로 오목눈이 한 쌍이 무척 자주 둥지를 찾는 것은 분명했습니다.

첫 번째 먹이는 6시 45분에 가져왔습니다. 오목눈이 암수는 같

↑ 둥지 안쪽으로 겹겹이 말아 넣은 깃털은 보온과 방수 효과 말고도 어린 새에 대한 위장의 효과까지 있습니다.

이 움직이므로 한번 오면 두 어린 새에게 먹이를 주게 됩니다. 어린 새는 모두 4마리인데, 4마리 모두 어미 새가 왔을 때 고개를 내밀기도 하지만 2마리가 고개를 내밀 때가 가장 많으며, 더러 한 마리만 고개를 내밀 때도 있습니다. 어린 새가 고개를 내미는 모습을 잘 살펴보면 둥지에 어린 새를 위한 또 다른 배려가 숨어 있다는 것을 알게 됩니다. 둥지 안쪽으로 말아 넣은 새의 깃털들은 그 용도가 보온과 방수일 것이라고만 생각했었습니다. 그런데 어린 새가 고개를 내밀 때마다 깃털이 조금씩 밖으로 밀려나며 둥지의 입구를 가려 어린 새가 고개를 내밀어도 그 모습이 제대로 보이지 않을 때가 많습니다. 둥지 안쪽으로 겹겹이 말아 넣은 깃털은 보온과 방수의 기능 말고도 위장의 효과까지 담겨져 있다고 보아야겠습니다.

또한 둥지 밖으로 고개를 내미는 어린 새의 모습을 잘 살펴보면 어린 새 4마리의 크기가 거의 비슷하다는 것을 알 수 있습니다. 오목눈이도 동고비처럼 하루에 한 개의 알을 낳았을 텐데 어린 새의 크기 차이를 거의 구분할 수 없을 만큼 비슷하게 키웠다는 것은 2가지를 의미합니다. 알은 첫 번째 알을 낳은 직후가 아니라 모두 낳은 후 또는 거의 다 낳은 시기부터 본격적으로 품기 시작했다는 것과 먹이 역시 개체마다 거의 동일하게 주었다는 것을 뜻합니다. 실제로 부모 새는 언제 어떤 어린 새가 먹이를 먹었는지 정확히 알고 있는 것으로 보입니다. 설령 헤아리지 못했다 해도 어린 새에게 먹이를 준 뒤 먹이를 받아먹는 것이 시원치 않으면 가차 없이 다시 빼서 다른 어린 새에게 주기도 합니다. 먹이는 3~5분 간격으로 가져오며 45~50분 동안 먹이를 나른 후 10분 정도는 쉽니다. 그러나 어미 새가 둥지에 오지 않는 그 시간도 그대로 쉴 수 있는 휴식의 시간은 아닐 것이며, 어미 새 각자의 숨 가쁜 먹이 활동 시간으로 삼는 듯합니다.

어린 새들도 기특합니다. 둥지 밖으로 고개를 내민 지 사흘 정도가 지나서부터 보인 행동인데, 어미 새가 먹이를 가지고 왔을 때에만 배설을 합니다. 배설물 처리는 둥지의 위생을 위해서는 물론이고 둥지가 천적에게 노출될 확률을 줄이기 위해서도 반드시 발생된 즉시 이루어져야 할 일입니다. 어린 새가 둥지에 있는 동안 배

↓ **오목눈이** 어미 새가 어린 새에게 줄 먹이를 나르고 있습니다.

설물은 부모 새가 부리로 물어 밖에다 버립니다. 성체의 경우처럼 배설물이 액체 상태라면 부리로 물어 처리한다는 것이 불가능한 일이므로 어린 새의 배설물은 얇지만 탄력이 강한 막으로 둘러싸이게 됩니다. 부리로 물어도 쉽게 터지지 않아 처리가 용이하고 냄새의 발생도 방지할 수 있는 구조인데, 숲 새들의 경우 배설물의 모양과 색이 거의 비슷합니다. 배설의 시기도 절묘합니다. 부모 새가 먹이를 주고 난 직후 배설이 일어납니다. 먹이도 건네주기 전에 급한 용무를 본다면 부모 새가 참으로 난처할 텐데 배설은 먹이를 받아먹은 다음에 합니다. 구분하기가 쉽지는 않으나 먹이를 받아먹은 새가 바로 배설을 하는 경우가 많은 것으로 보입니다. 먹이를 받은 어린 새가 몸을 돌려 둥지 입구 쪽으로 엉덩이를 향한 채 볼일을 보면 둥지 밖에서 어미 새가 물고 먼 곳으로 가서 버립니다. 어린 새가 배설을 하지 않으면 어미 새는 잠시 기다리기도 하지만 대부분 어린 새의 몸을 부리로 톡톡 건드려 배설을 위한 자극을 줍니다. 따라서 먹이를 주는 것과 배설물의 처리는 아주 짧은 시간에 이루어집니다. 둥지 입구에서 오래 지체하면 할수록 그만큼 천적에 노출될 확률이 높아지니 어미 새와 어린 새 모두를 위해 바람직한 방식이라 할 수 있습니다.

오목눈이가 오늘의 마지막 먹이를 가져온 시간은 서산으로 이미 해가 기울어진 6시 35분이었습니다. 먹이는 12시간에서 10분 부족한 시간 동안 물어온 것이 됩니다. 암수가 함께 온 것이 121번이었고, 둘 중 한쪽만 온 것이 5번 있었으니 암수를 합하여 오늘 먹이를 나른 횟수는 총 247번입니다. 먹이는 주로 애벌레였으며, 한 번에 한 마리를 물어 올 때도 있으나 2~3마리를 가져오는 경우가 있으니 평균해서 2마리의 애벌레를 가져오는 것으로 하겠습니다. 그리고 오는 숫자를 정확히 센 것 같기는 하나 그래도 몇 번의 착오는 있을 수 있으니 250번이라고 하면 오목눈이가 하루에 새끼를 키우기 위해 잡아 오는 애벌레의 수는 약 500마리가 됩니다. 또한 오목눈이가 어린 새를 위해 먹이를 나르는 기간을 20일로 잡으면 오목눈이 한 쌍이 4마

↑ 어린 새가 엉덩이를 입구 쪽으로 내밀며 배설을 하면 어미 새는 둥지 밖에서 받아내 처리합니다.

리의 어린 새를 키우는 데 약 1만 마리의 애벌레가 필요하다는 계산이 나옵니다. 숲이 건강해야 곤충도 있고 새도 살 수 있겠다는 생각도 들지만 그보다 더 아찔한 것은 만약 숲에 새가 없다면 숲은 어찌 될 것인가 하는 문제입니다. 하지만 쉽게 짐작할 수 있습니다. 숲에는 아무것도 남아날 것이 없을 것입니다.

52일째 되는 날입니다. 어제에 이어 숲의 향기가 참으로 좋은 화창한 봄날입니다. 그리도 오래 웅그리고 있더니 애기똥풀의 가장 가운데 줄기에서 드디어 첫 번째 꽃망울이 터졌습니다. 동쪽 먼 숲에서는 꾀꼬리 한 쌍이 한가롭게 노닐고 있습니다.

　동고비가 알을 품는 일정에는 변화가 없습니다. 암컷은 둥지를 거의 벗어나지 않고 있으며, 수컷은 암컷에게 30분에 한 번꼴로 먹이를 전해줍니다. 동고비의 둥지와 오목눈이의 둥지를 번갈아가며 보고 있을 때, 등 뒤에서 요란한 소리가 들립니다. 동고비가 둥지를 튼 은단풍의 20미터 높이 즈음에 햇살이 닿았을 때로, 오전 9시가 조금 넘은 시간입니다. 오색딱따구리의 둥지를 청딱따구리가 빼앗으려 합니다. 남서쪽 숲에서는 오색딱따구리가 동고비처럼 은단풍에 둥지를 짓고 있었습니다. 오색딱따구리를 보려면 동고비를 등져야 하고, 동고비를 보려면 오색딱따구리를

↓ 애기똥풀은 양귀비과의 두해살이풀입니다. 잎과 줄기를 비롯하여 어느 부위에든 상처가 나면 진한 노란색의 액즙이 나오는데, 마치 아기의 똥처럼 보인다 하여 애기똥풀이라는 이름이 붙었습니다.

↑ 둥지를 떠나기 직전 마지막으로 본 어린 **오목눈이**들의 모습입니다.

등져야 했습니다. 둘 다 보고 싶은 욕심이야 있었지만 둘 다 보는 것은 결국 둘 다 놓치는 것이 되기에 등져야 했던 오색딱따구리 둥지였는데, 이제 청딱따구리 수컷이 빼앗으려 하고 있습니다. 오색딱따구리는 한 쌍이니 둘이고, 청딱따구리는 수컷 혼자이지만 결국 일대 일의 다툼이 됩니다. 오색딱따구리가 덩치에서 많이 밀리는데도 결투는 깔끔하게 수컷끼리 이루어지기 때문입니다. 오색딱따구리 암컷은 조금 떨어진 거리에서 불안한 표정으로 지켜보기만 합니다.

아…… 오색딱따구리 수컷이 청딱따구리의 공격을 피하지 못하고 제대로 부리에 받혀 땅으로 뚝 떨어집니다. 크게 다치지 않았을까 싶었는데 다행히 바로 날개를 펴고 솟아올라 둥지를 사수합니다. 움직임이 워낙 빠른 데다 거리는 가깝고 나뭇가지와 잎에 가려 담기 어려워 보이지만 그래도 정말 보기 힘든 장면이라 카메라의 방향을 돌립니다. 20분 정도의 혈투 끝에 일단 청딱따구리가 오색딱따구리를 몰아내고 둥지를 점령하는 듯했으나 오색딱따구리도 다 지은 둥지를 두고 쉽게 물러서지 않습니다. 10분 정도 다툼이 더 진행된 뒤에야 휴전에 들어가 저 멀리 숲으로 사라집니다.

청딱따구리와 오색딱따구리가 공중에서 뒤얽히는 장면을 몇 컷 찍어보았지만 생각만큼 잘 찍히지 않았습니다. 눈으로 담은 것에 만족해야겠습니다. 카메라를 다시 돌려 동고비 둥지로 향하게 한 뒤 오목눈이의 둥지로 눈길을 두었을 때 조금 이상한 느낌이 듭니다. 휑한 느낌, 적막한 느낌, 썰렁한 느낌, 생명의 온기가 느껴지지 않는 빈 둥지의 느낌이 드는 것입니다. 고개를 내밀고 있는 어린 새도 보이지 않고, 분주하게 먹이를 나르는 부모 새의 모습도 보이지 않습니다. 둥지의 입구가 이토록 크게 느껴진 적은 없었습니다. '아니겠지, 아닐 거야' 하며 직접 다가가 보았지만 분명히 둥지는 비어 있습니다. 2주 동안 부지런히 곁눈질을 하며 만난 친구들이었고, 어제는 온종일 만난 친구들이라 정이 흠뻑 들었는데 결국 떠날 때 인사조차 하지 못했습니다. 둥지를 떠나는 시간을 제대로 가늠하지 못한 것도 잘못이지만 딴 곳을 본 것이 더 큰 잘못입니다. 동고비도 그리 되지 않으리라는 법은 없겠습니다. 그렇다고 다른 모습은 모두 접고 동고비의 둥지에만 시선을 붙박아놓은 채 날마다 열서너 시간을 꼬박 서 있을 수도 없는 노릇인지라 번식 일정에 온전히 동행한다는 것이 더 힘겹게 느껴집니다.

동고비의 숲에서 흐르는 시간

54일째를 맞아 비가 옵니다. 둥지에서는 여전히 알을 품는 일정이 진행되고 있습니다. 암컷은 둥지를 거의 벗어나지 않고 알을 품고 있으며, 수컷은 암컷에게 부지런히 먹이를 전해줍니다. 아직 부화가 일어나지 않았는데 수컷이 암컷에게 먹이를 전해주는 모습이 마치 어미 새가 부화한 어린 새에게 먹이를 주는 장면과 너무나 비슷하여 가끔은 진짜 부화가 일어난 것으로 착각에 빠지기도 합니다. 수컷은 암컷에게 먹이를 전해주는 일 말고도 둥지가 정면으로 보이는 상수리나무와 둥지 입구를 오가며 둥지에 대한 경계를 서는 일에 힘을 쏟습니다. 하루 종일 어두운 날입니다.

다음 날, 비가 그친 하늘이 더없이 맑습니다. 알을 품는 암컷은 시간을 거꾸로

← 하루 종일 비가 오는 날입니다. 암컷이 알을 품는 동안 수컷이 둥지 밖에서 경계를 서고 있습니다.

돌려 아기 새가 된 듯합니다. 아직 비행 능력이 없는 어린 새처럼 둥지 안에서 먹이를 받아먹습니다. 수컷이 먹이를 나르는 간격이 조금 뜸해진다 싶으면 바로 고개를 내밀고 주위를 두리번거리며 수컷을 기다리기도 합니다.

수컷은 암컷을 마치 왕비 모시듯 합니다. 암컷이 더러 둥지를 벗어나 행차를 할 때면 둥지 입구로 와서 암컷이 둥지를 다 빠져나오는 동안 비장한 눈빛으로 주변을 살피며 철저히 호위를 합니다. 암컷이 둥지를 완전히 나서면 수컷이 먼저 방향을 잡아 암컷을 안내할 때도 있고, 암컷이 원하는 방향이 있어 먼저 날아가면 뒤따라가며 수행할 때도 있습니다. 이제 암컷이 혼자 둥지를 벗어나 홀로 둥지를 떠나는 일은 거의 없습니다.

암컷은 수컷이 전해준 먹이를 받아먹고 둥지 아래로 내려가고, 수컷은 둥지 맞

↑ 암컷이 어린 새처럼 고개를 내밀고 먹이를 기다리고 있습니다.

↓ 암컷이 둥지를 나설 때면 수컷이 둥지 입구로 와서 암컷을 호위합니다.

↑ 암컷이 둥지 앞에서 수컷을 향해 특이한 몸짓을 합니다. 암컷의 이러한 행동은 먹이를 열심히 날라주는 수컷에 대한 고마움의 표시 또는 수컷에게 더 사랑받기 위해 피우는 어리광이 아닌가 싶습니다.

은편 상수리나무에 앉아 경계 태세를 막 갖춘 바로 뒤입니다. 암컷이 느닷없이 둥지를 쑥 빠져나와 이상하다 했는데 날아가지는 않고 둥지 앞에서 아주 특이한 행동을 합니다. 날개를 쫙 펴고 몸을 이리저리 천천히 흔드는 것이 춤을 추는 것과 비슷한 행동입니다. 상황과 느낌의 차이는 있지만 둥지를 짓는 초기에도 이런 행동이 한 번 있었으니 처음은 아닙니다. 경계를 서는 동고비가 자리를 비운 사이 다른 동고비가 둥지를 잘못 찾아온 적이 있었습니다. 할 수 없이 둥지를 짓던 친구가 직접 몰아내야 했었는데 둥지에 돌아온 후 경계를 서는 동고비를 향해 시위하듯 했던 행동이 지금과 거의 비슷했습니다. 그러나 오늘은 사정이 다릅니다. 수컷이 수행하는 역할에는 무엇 하나 흠 잡을 것이 없기 때문입니다. 개인적인 생각이지만 암컷의 이러한 행동은 먹이를 열심히 날라주는 수컷에 대한 고마움의 표시 또는 수컷에게 더 사랑받기 위해 피우는 어리광이 아닌가 싶습니다. 또한 지금 암컷의 행동은 짝짓기 때 보이는 구애 춤과 정말 비슷합니다. 동고비를 만난 첫날부터 저들이 사랑을 나누는 모습을 기다리고 있었는데 아직 보여주지 않고 있습니다. 번식 일정 동안에는 짝짓기를 자주 함에도 내 앞에서 삼가는 것을 보면 이 한 쌍은 부끄럼을 많이 타나 봅니다.

57일째 되는 날입니다. 어제 또다시 비가 왔고 오늘은 맑습니다. 동고비의 둥지 맞은편에는 나의 팔을 다 뻗어 안아도 한번에 껴안지 못할 정도로 큰 상수리나무들이 군락을 이루고 있습니다. 동고비 암컷이 계곡에서 진흙을 물고 둥지를 향해 오는 중에 흐트러진 것을 다지는 장소가 되어주었고, 동고비 수컷이 경계를 서는 초소의 역할도 해주고 있는 나무가 바로 상수리나무입니다. 이 나무도 은단풍처럼 풍매화입니다. 꽃 같아 보이지 않는 꽃이었지만 잎보다 먼저 피었었고, 꽃이 질 무렵부터 돋아난 잎이 지금은 많이 자라 있습니다.

동고비의 둥지 북서쪽으로 먼발치에는 산뽕나무 한 그루가 서 있고, 그 옆으로는 아까시나무가 있습니다. 열매가 익으려면 아직 아득한데 어치가 무슨 까닭으로 산뽕나무 근처에 자주 나타나나 했더니 아까시나무에서 마른 나뭇가지를 꺾고 있습니다. 나뭇가지를 물고 가는 동선을 눈으로 좇으니 동쪽 숲 소나무 가지 사이에서 둥지를 짓고 있습니다. 자리를 비울 수도 없지만 직접 가보기에는 너무 멀고 경사마저 무척 급합니다.

　　오늘도 알을 품는 동고비의 일정에는 변화가 없습니다. 다이어트에는 운동만 한 것이 없나 봅니다. 둥지에만 있는 암컷은 오히려 산란 전보다 투실투실하게 몸이 났고, 분주히 움직이는 수컷은 오히려 왜소해 보일 정도입니다. 수컷은 먹이를 나르고 더러 얇은 나무껍질도 나르며 경계까지 서느라 꽤 분주합니다.

← 동고비의 둥지 맞은편에는 아름드리 상수리나무가 군락을 이루고 있습니다. 동고비 암컷이 흐트러진 진흙을 다지는 장소가 되기도 했고, 동고비 수컷이 경계를 서는 초소의 역할도 해주는 나무입니다.

↑ **어치**가 둥지를 지을 마른 나뭇가지를 꺾어 물고 있습니다.

어느덧 4월도 사흘을 남겨두고 있습니다. 58일째 되는 날입니다. 일주일 남짓 맑은 날과 흐린 날이 반복되더니 오늘은 짙은 안개가 온 숲을 묵직하게 누르고 있습니다. 이른 새벽부터 호랑지빠귀는 일정한 간격으로 가슴 시리게 울며 제 짝을 찾고 있으나 꿩은 이제 제 짝을 찾았는지 어제까지와는 조금 다른 소리가 들립니다.

그 무엇도 시간을 거스를 수 있는 것은 없나 봅니다. 해가 더 높이 떠오르자 짙은 안개가 주춤거리는 사이 숲이 윤곽을 갖추며 동고비가 둥지를 튼 은단풍의 모습

↑ 동고비가 둥지를 튼 은단풍의 전체 모습입니다. 줄기는 나무의 7미터 정도의 높이에서 양쪽으로 갈라지고, 동고비의 둥지는 왼쪽 줄기의 아래쪽부터 두 번째로 튀어나온 부분에 있으며, 둥지의 뒷부분은 나무껍질이 벗겨져 있습니다.

이 은은하게 드러납니다. 그러고 보니 동고비에만 집중하여 예전에는 딱따구리가, 지금은 동고비가 새 생명을 키울 수 있도록 몸의 일부를 내준 이 고마운 은단풍의 전체 모습을 담은 사진 한 장이 없다는 생각이 들어 한 컷 찍어봅니다.

안개를 쉽게 물러서게 하는 것은 해보다 바람입니다. 버티고 버티던 안개가 지나가는 바람 한 줄기에 이리저리 어쩔 줄 모르고 뭉치로 떠다니다 결국 삽시간에 사라지고 맙니다. 쇠뜨기 영양줄기를 따라 다닥다닥 수줍게 달려 있던 이슬은 갑자기 나타난 햇살에 몸 둘 바를 몰라 하고, 동고비가 주로 앉는 상수리나무의 수꽃은 바람이 사나워질 때마다 낙엽처럼 우수수 떨어집니다. 은단풍 남쪽으로 바로 벗하며 서 있는 플라타너스는 묵은 열매의 씨앗도 다 떠나보내지 못했으면서 벌써 새 열매를 달고 있습니다. 북쪽 또 다른 은단풍 가지 사이로는 올해 처음 만나는 큰유리새가 아주 잠시 푸른 빛깔의 아름다운 모습을 보여주고 사라지더니, 숲의 노래꾼 직박구리는 동고비의 둥지가 있는 은단풍의 높은 가지에 잠시 앉았다 날아가고, 동쪽 먼 숲에서는 흰배지빠귀가 혼자 노래를 하다 날아갑니다. 일주일 남짓 눈여겨보지 못한 사이에 갈퀴꼭두서니의 키가 훌쩍 커 있습니다. 좀깨잎나무와 소리쟁이의 잎이 많이 넓어졌으며, 새머루는 이웃한 나무에 기대려 슬금슬금 덩굴손을 뻗고 있습니다.

누가 뭐래도 봄날입니다. 아직 새벽 공기마저 포근한 것은 아니고, 팽나무는 여태껏 잎을 내지 못하고 있지만 숲의 갈색은 연녹색에 자리를 내주고 묻혔으니 이제 제대로 봄날이라 하고 싶습니다.

안개가 다 흩어지고 조금 지난 9시 30분 즈음입니다. 수컷이 암컷에게 먹이를 전해주자 암컷은 먹이를 받아먹고 둥지를 나서더니 맞은편 상수리나무로 날아가 앉습니다. 그다음 순서는 둥지 입구에 있던 수컷이 먹이를 구할 방향을 잡아 숲으로 향하면 암컷이 따라나서는 것인데, 수컷이 둥지에 남아 무언가를 합니다. 자세히 보니 드릴로 뚫듯 둥지 입구의 진흙 벽에 작은 구멍을 뚫고 있습니다. 수컷이 둥

↑ 올해 처음 만나는 **큰유리새**가 둥지 북쪽에 서 있는 또 다른 은단풍에 앉아 잠시 모습을 보여주고 날아갑니다. 큰유리새는 딱새과의 여름 철새로, 몸길이는 15센티미터 정도입니다. **직박구리**는 둥지 위 높은 가지에 잠시 앉아 있다 어디론가 날아갑니다.

지와 관련해 뭔가를 하는 최초의 일입니다. 잠시 후 혼자 먹이 활동을 하고 암컷이 돌아오자 수컷은 바로 자리를 비켜주는데, 암컷 역시 방금 수컷이 뚫고 있던 구멍을 조금 더 뚫어 넓혀놓고 둥지 안으로 들어갑니다. 그 이후로도 암컷은 3번 더 구멍을 넓혔습니다. 이 작은 구멍의 용도가 무척 궁금해졌는데, 먼저 떠오른 생각은 먹이의 임시 보관 장소로 사용하려는 것은 아닐까 하는 것입니다. 지금은 알 품기의 막바지 단계입니다. 여전히 암컷이 알을 품고 수컷은 둥지 안에 있는 암컷에게 먹이를 전해줍니다. 그런데 이러한 체계에 작은 불편함이 있습니다. 수컷이 먹이를 물고 온 것을 암컷이 바로 알아차리지 못할 때도 있기 때문에 둥지 안으로 들어가지 않는 수컷으로서는 둥지 밖에서 기다려야 합니다. 또한 수컷이 먹이를 가져왔을 때 둥지에 암컷이 없을 때도 있고, 그럴 때면 수컷은 기다리다 그냥 가버리는 경우가 많으니 먹이 공급이 원활하지 못한 점도 있습니다. 그리고 가끔은 수컷이 둥지 입구 주변의 나무껍질 틈새에 먹이를 두고 가는 경우도 있기 때문에 암컷이 이를 찾느라 애를 먹기도 합니다. 둥지 입구의 바로 왼쪽에 작은 구멍을 파서 먹이를 잠시 보관하는 장소를 마련한다면 이런 수고를 덜어줄 수 있지 않을까 싶습니다. 그리고 보니 구멍의 크기가 애벌레 2마리 정도 넣어두기에 딱 좋아 보이기도 합니다.

　나의 생각이 옳다면 애벌레 한 마리라도 구멍에 넣어두는 일이 있어야 하는데 4시가 지나도록 그런 일은 일어나지 않습니다. 5시가 되자 구멍의 용도는 먹이의 임시 보관 장소가 아니라는 것을 분명하게 보여줍니다. 암컷이 아주 작은 진흙을 물

↑ 둥지 바깥쪽 벽에 작은 구멍을 뚫더니 다시 메웁니다. 먹이의 임시 보관 장소로 사용하려나 싶었는데 아닌가 봅니다.

← **쇠박새** 어미 새가 먹이를 나르고 있습니다. 숲 어딘가에 있을 쇠박새 둥지에서도 부화가 일어난 모양입니다.

고 와 깔끔하게 다시 막은 것입니다. 그렇다면 구멍을 뚫은 것은 진흙 벽의 강도를 알아본 것일까요?

은단풍 왼쪽 줄기의 마른 가지 위로 쇠박새 한 마리가 내려앉습니다. 흔히 있는 일이라 특별히 마음을 두지 않다가 렌즈를 통해 보니 부리로 애벌레를 물고 있습니다. 숲 어딘가에 숨어 있을 쇠박새 둥지에서도 이제 어린 새들이 알을 깨고 세상으로 나온 모양입니다.

오늘도 어김없이 해는 서산 위로 기울어집니다. 해넘이 직전의 따가운 햇살이 은단풍 전체를 환히 밝혀줍니다. 은단풍이 서 있는 지형적 특성으로 인해 하루 중 나무 전체가 햇살을 받는 아주 짧은 시간입니다. 은단풍에 손님 하나가 찾아듭니다. 먹기 좋게 익어가는 은단풍 열매를 찾아온 손님일 터이니 한동안 모습을 보여줄 친구입니다. 다람쥐가 동고비와 다툼 없이 잘 지낼지 모르겠습니다.

→ 은단풍 열매가 먹음직스럽게 익자 **다람쥐**가 드나들기 시작합니다.

새 생명의 탄생

 4월 28일, 동고비를 만난 지 59일째 되는 날입니다. 오늘에야 어두움도 채 가시지 않은 시간부터 미리 준비하고 동고비를 기다렸던 보람을 느낍니다. 6시가 갓 넘은 시간인데도 수컷의 움직임이 부산합니다. 2분, 3분, 2분, 5분, 1분, 1분, 4분, 3분, 1분, 2분…… 수컷이 몇 분 간격으로 쉴 새 없이 작은 먹이를 나르기 시작합니다. 수컷이 암컷을 위해 이리도 이른 시간에 이렇게 자주, 그것도 구분하기 어려울 만큼 아주 작은 먹이를 나른 적은 없었습니다. 드디어 동고비의 둥지에서 새 생명이 태어났나 봅니다. 그것도 여러 마리가 함께 말입니다. 동고비 암컷이 본격적으로 알을 품기 시작한 때부터 꼬박 2주가 지난 시점입니다.

 둥지에서 새 생명이 탄생하자 수컷은 완전 벙어리가 됩니다. 둥지를 차지하기

↑ 수컷이 아주 작은 먹이를 나르기 시작합니다. 동고비의 둥지에서 새 생명이 탄생했다는 뜻입니다.

위해 8마리의 동고비 사이에서 격한 다툼이 일어나는 동안, 그리고 둥지의 새 주인이 되어 숲의 많은 새들로부터 둥지를 지키며 경계를 서는 동안 동고비 수컷이 줄기차게 내던 소리는 때로 시끄러울 정도였습니다. 그러나 알 낳기가 시작되며 극도로 자제하더니 이제 둥지에서 새 생명이 탄생하자 아예 소리를 내지 못하는 새가 되어 버립니다. 새 생명이 탄생한 둥지는 이제 드러나서는 안 되는 공간이 된 것입니다.

바람마저 멈춰 서며 숲에는 무거운 정적만이 맴돕니다. 눈에 보이는 것 중 움직이는 것은 오로지 동고비 수컷뿐입니다. 모든 것이 완전히 멈춘 고요함 속에 시선이 따라가기에도 벅찰 정도로 분주히 움직여대는 수컷의 몸짓을 보노라니 소름이 돋습니다.

그런데 예상과 달리 부화가 일어난 후에도 두 동고비 사이의 역할 분담 체제에는 변화가 없습니다. 여전히 수컷은 둥지 안으로 들어가지 않은 채 암컷에게 먹이를 전해주기만 하고, 암컷은 다시 어린 새에게 먹이를 전해주는 방식이 이어집니다. 암컷은 둥지 안에서 고개를 내밀고 있다가 수컷이 전해주는 먹이를 받을 때가 대부분이지만 더러 입구로 나와 먹이를 받기도 합니다. 숨 돌릴 틈 없이 먹이를 구해야 하는 수컷 못지않게 암컷도 여유가 없습니다. 깃털을 다듬는 일도 둥지를 떠나 호젓한 나뭇가지에 앉아 한가롭게 하지 못하고 둥지 입구에서 수컷을 기다리는 그 짧은 시간을 이용해서 할 정도입니다.

수컷은 암컷과 어린 새 모두를 홀로 부양합니다. 역할 분담 체제가 이제는 분명 한계에 이르렀음에도 왜 계속해서 수컷은 둥지 안으로 들어가지 않으며, 암컷은 왜 밖으로 나와 먹이를 구하지 않고 중간에서 먹이를 전해주기만 하는지 이해가 되지 않습니다. 이유야 어찌 되었든 수컷은 한량과 같기도 하다는 한때의 평가는 취소해야겠습니다.

오후 1시 11분입니다. 어치가 갓 태어난 어린 새로 인한 둥지의 부산함을 바로 알아차린 모양입니다. 동고비의 둥지 위쪽 가지에 조용히 내려앉아 둥지 쪽을 노려보자 고개를 내밀고 있던 암컷은 바로 둥지 안으로 몸을 숨깁니다. 어치는 우리나라 전역에 서식하는 텃새로, 도토리와 밤을 좋아하지만 봄날 새들의 번식 시기에는 다른 새의 알도 빼앗고 어린 새를 노리기도 하는 매서운 새입니다. 동고비 수컷이 어치의 출현을 알아차리지 못할 리가 없습니다. 게다가 어치가 지금 앉아 있는 곳은 수컷이 평소 경계를 서는 초소 중 한 곳이기도 하며 둥지에서 5미터 정도밖에는 떨어져 있지 않은 위험 지역입니다. 하지만 상대가 상대인지라 쉽게 선제공격은 하지 못하고 잔뜩 긴장한 모습으로 어치를 노려보기만 합니다. 팽팽한 긴장감을 먼저 깨고 날아간 것은 어치입니다. 아직 때가 아니다 여긴 것인지 아니면 둥지의 좁은

↑ **어치**가 평소 수컷이 경계를 서는 자리 중 한 곳에 앉아 부화가 일어난 둥지를 기웃거리고 있습니다.

입구를 보고 포기한 것인지 모르겠습니다. 위가 열려 있는 사발 모양의 둥지라면 어치가 이처럼 쉽사리 포기하지는 않았을 것입니다.

아…… 뭔가 변화가 일어나려는 것 같습니다. 암컷이 잠시 둥지를 비운 사이 수컷이 날아와 둥지 밖에서 잠시 기다리지만 느낌이 조금 다릅니다. 잠시 머뭇거리다 둥지 입구의 좁은 통로로 고개를 쑥 집어넣어 어린 새들을 슬쩍 들여다봅니다. 이렇게 좁은 통로를 통해 조심스럽게 들여다보는 것만으로 자신의 어린 새들과 첫 대면을 합니다. 그러나 그것으로 그치고 또다시 밖에서 기다립니다. 하지만 오래 버티지는 못합니다. 둥지 안의 어린 새들이 더욱 궁금해져 도저히 참을 수 없었던 모양입니다. 수컷이 드디어 새로운 몸짓을 시도합니다. 둥지 안으로 몸을 비비며 들어가려고 합니다. 둥지에 들어가는 것이 처음이라 서툰 몸짓으로 몇 번 시도하더니 결국은 안으로 들어갑니다. 그렇게 자신의 어린 새들과 둥지 안에서의 첫 상봉이 이루어지지만 오래 있지 않고 바로 나옵니다. 반가움보다 먹이를 구하는 것이 더 급한 일입니다. 하지만 그뿐입니다. 암컷이 돌아온 이후로는 여전히 같은 일상이 이어집니다. 먹이를 일일이 전해주기도 바쁠 때는 암컷이 고개를 내밀 때까지 기다리지 않고 둥지 입구에 먹이를 두고 바로 또 먹이를 구하러 가기도 하는 변화만 생겼습니다.

이제 날이 많이 어두워졌지만 수컷의 날갯짓은 멈춤이 없습니다. 평소라면 암컷에게 잘 자라는 인사를 하고 이미 숲으로 몸을 숨겼을 시간인데도 여전히 먹이를 나르느라 정말 눈코 뜰 새가 없어 보입니다. 오늘은 부화가 일어난 첫날입니다. 그런데도 오늘 하루 동안 수컷이 나른 먹이는 모두 207번이나 됩니다. 먹이 나르는 횟수를 세는 동안, 거의 서 있기는 하지만 정 다리가 아프면 잠시 앉기도 하는 나도 지치는데 동고비 수컷은 어떨까 싶습니다. 그렇다고 먹이를 나르는 수컷만 고단한 것은 아닙니다. 수컷에게서 받은 먹이를 다시 어린 새에게 전해주고 둥지 안에서 이

↑ 수컷이 둥지 밖에서 통로를 통해 새 생명이 탄생한 둥지를 들여다보고 있습니다.

렇게 저렇게 어린 새를 돌보아야 할 암컷의 일정도 만만히 볼 수는 없습니다. 수컷이 전해주는 먹이의 일부 중 암컷을 위한 것도 있을 테지만, 먹이를 보채는 어린 새를 두고 암컷이 자신의 먹이로 삼지는 않는 것으로 보입니다. 알을 품을 때처럼 암컷이 더러 둥지 입구로 나와 먹이를 받을 때가 있는데, 받은 먹이를 먹지 않고 둥지 안으로 가지고 들어가는 것을 보면 더욱 그러합니다. 할 수 없이 먹이 활동을 위해서는 암컷 스스로 둥지를 나서야 하는데, 암컷이 둥지를 비우고 나온 것은 고작 5번이었고, 그 시간도 5분을 넘긴 적은 없었습니다. 암컷과 수컷 모두 배가 곯기는 마찬가지입니다.

둥지의 내부를 들여다보는 것이 아니니 부화한 어린 새가 몇이나 되는지 정확

↑ 늦은 시간에도 수컷이 부화한 어린 새에게 줄 먹이를 구하기 위해 둥지를 나서고 있습니다.

히 알 길은 없습니다. 동고비는 보통 7마리의 어린 새를 키우는 것으로 알려져 있는데, 지금의 동고비 한 쌍도 알을 낳는 일정에 비추어 추정할 때 7~9마리의 어린 새를 키우지 않을까 싶습니다. 많은 숫자입니다. 동고비와 비슷한 조건의 오목눈이의 경우 암수가 함께 먹이를 날랐음에도 4마리의 어린 새를 키우는 일정이 험난했던 것을 볼 때, 동고비가 이러한 체제를 계속 유지할 수 있을지 모르겠습니다.

눈으로 무엇을 구분한다는 것이 어려운 시간이 되었습니다. 숲에 완전한 어두움이 내려 더 이상 먹이를 구하는 것이 불가능해지자 수컷은 암컷과 인사를 하고 숲 속 잠자리로 몸을 옮겼고, 암컷은 새 생명이 탄생한 둥지를 지키고 있습니다. 혹시나 하며 어두움 속에서 서성거려보아도 하루 종일 기다리던 모습은 결국 보이지 않습니다. 알껍데기를 물고 나와 밖에 버리는 일이 일어나지 않고 있습니다. 부화는 알을 깨고 나오는 것이니 자연히 알껍데기가 생길 것이고, 부화한 새 생명체만은 못하겠지만 알껍데기에도 아직 비릿함으로 젖어 있는 새 생명의 냄새가 고스란히 남아 있게 됩니다. 둥지에서 부화가 일어나면 파리 종류가 갑자기 둥지 주변으로 모여드는 것도 이러한 이유 때문입니다. 물론 후각이 뛰어난 포유류나 파충류 같은 천적들도 그 냄새를 쉽게 알아차릴 수 있습니다. 동고비의 둥지는 입구가 좁혀질 대로 좁혀져 있기 때문에 사정이 다르지만 알껍데기의 안쪽 색도 문제가 됩니다. 사발 모양의 둥지나 노출된 곳에 둥지를 만드는 새들의 경우 알껍데기의 표면에는 위장색이 있습니다. 그러나 부화한 껍질의 안쪽은 흰색인 경우가 많아 천적의 시각까지 자극하게 됩니다. 따라서 부모 새는 부화의 산물인 빈 알껍데기를 어떻게든 처리해야 하는데, 가장 일반적인 방법은 부리로 물고 나와 둥지에서 멀리 떨어진 곳으로 가서 버리는 것입니다. 그런데 동고비의 둥지에서는 그런 일이 벌어지지 않고 있습니다. 동고비 둥지의 특성상 알껍데기가 제공하는 시각적 자극은 희박하다 할지라도 후각적 자극은 피할 길이 없는데 말입니다. 나의 눈이 모두 놓친 것이 아니라면 남은 가능성으로 어미 새가 직접 먹어 없애는 방법이 있습니다. 동고비의 경우 둥지에는 암컷만 있으니 분명 암컷이 먹었을 것입니다. 알껍데기의 주요 성분이 칼슘인 것을 생각하면 암컷에게 도움이 되면 되었지 나쁠 것이 없으며, 실제로 칼슘이 부족한 지역에 서식하는 새들은 부화한 알껍데기를 버리지 않고 먹는 경우가 많은 것으로 알려져 있습니다.

은단풍과 다람쥐

　4월의 마지막 날로 동고비를 만난 지 60일째 되는 날이며, 동고비의 둥지에서 새 생명이 탄생한 지 3일째 되는 날입니다. 오늘은 동고비 수컷보다 더 일찍 은단풍을 찾는 친구가 있습니다. 다람쥐입니다. 이제 다람쥐가 먹기 좋을 만큼 은단풍 열매가 익었습니다.

　동고비가 둥지를 튼 은단풍은 많이 늙어 나무의 기세가 무척 약해져 있는 터라 가지마다 잎과 열매가 충실하게 달려 있지 않습니다. 두 갈래로 나뉜 줄기 중 왼쪽 줄기에는 죽은 가지가 많아 텅 빈 느낌이 들 정도이며, 동고비의 둥지는 이 왼쪽 줄기에 자리 잡고 있습니다. 잎과 열매는 대부분 오른쪽 줄기를 따라 빼곡하게 달려 있기 때문에 다람쥐는 주로 오른쪽 줄기를 따라 움직입니다. 잎으로 가려져 잘 알

↑ **다람쥐**가 은단풍 열매의 날개 부분은 버리고 씨앗 부분만 잘라 먹고 있습니다.

↑ 암컷이 둥지 입구에서 기다리고 있다 수컷이 가져온 먹이를 받아 둥지로 들어갑니다.

수 없다가도 다람쥐가 먹이 활동을 시작하면 나무의 어디에 다람쥐가 있는지 바로 알 수 있습니다. 은단풍의 열매는 비행을 위한 날개를 갖추고 있는데 다람쥐가 영양 가치가 없는 날개 부분을 먹을 리 없습니다. 날개 부분은 뜯어내 나무 아래로 뚝뚝 떨어뜨리고 씨앗 부분만 먹으니 줄을 이어 떨어지는 날개나 날개의 파편을 따라 올라가면 아무리 잎에 가린다 해도 다람쥐의 위치는 바로 확인할 수 있습니다. 다람쥐는 한번 오면 저러다 볼이 터지지 않을까 싶을 정도로 열매를 입 안 가득 담고 사라지지만 잠시 뒤에는 또다시 볼이 홀쭉해진 채 은단풍을 찾아옵니다. 어딘가에서 새끼들을 키우고 있는 것이 틀림없어 보입니다. 다람쥐의 번식기는 3~4월이며, 5~6월에 4~6마리의 새끼를 낳아 키우는 것으로 알려져 있습니다.

    2009년 현재 서울시는 총 49종의 생물을 보호야생동식물로 지정하고 있습니다. 2000년에 포유류 4종(노루, 오소리, 고슴도치, 족제비), 조류 6종(오색딱따구리, 흰눈썹황금새, 물총새, 제비, 꾀꼬리, 박새), 양서·파충류 6종(두꺼비, 도롱뇽, 북방산개구리, 무당개구리, 줄장지뱀, 실뱀), 어류 4종(황복, 됭경모치, 꺽정이, 강주적양태), 곤충 8종(넓적사슴벌레, 애호랑나비, 말총벌, 왕잠자리, 풀무치, 노란허리잠자리, 땅강아지, 강하루살이), 식물 7종(서울오갈피, 삼지구엽초, 끈끈이주걱, 복주머니난, 산개나리, 금마타리, 관중)을 포함하여 모두 35종을 서울시 보호야생동식물로 지정했고, 2007년에 다시 14종(다람쥐, 쇠딱따구리, 큰오색딱따구리, 청딱따구리, 개개비, 청호반새, 꼬리치레도롱뇽, 나비잠자리, 산제비나비, 물자라, 검정물방개, 고란초, 통발, 긴병꽃풀)을 추가로 지정하여 총 49종

이 된 것입니다. 2007년 10월 25일의 추가 지정 당시 포유류는 딱 한 종만이 추가되었는데 그 종이 바로 다람쥐입니다. 흔한 동물로 알고 있는 다람쥐가 보호야생동식물로 지정된 것에 대하여 조금 의아한 생각이 들 수도 있지만 실제로 다람쥐의 개체수가 들고양이의 증가와 질병의 발생 등으로 급격히 감소한 것이 사실입니다.

먹이를 나르느라 정신이 없는 중에도 동고비 수컷은 은단풍을 자주 오르내리는 다람쥐에 대한 경계를 늦추지 않습니다. 다람쥐가 동고비의 어린 새를 해하지 않을 것은 알고 있는 듯싶으나 그래도 마음은 쓰이는 모양입니다. 다람쥐가 멀리 떨어진 가지에 있을 때는 특별한 반응을 보이지 않지만 둥지에서 3미터 이내의 거리에 접근하면 다람쥐 주위를 획획 날아다니며 더 이상의 접근은 삼가라는 경고를 하기 시작합니다. 그러나 다람쥐도 동고비가 주변을 날아다니며 경고를 한다 하여 은단풍을 떠날 생각은 조금도 없어 보입니다. 하지만 다람쥐가 둥지 쪽으로 조금 더 내려오면 동고비의 행동이 달라집니다. 경고의 단계를 높여 다람쥐에게 접근하여 막아서며 날개를 쫙 펴고 천천히 몸을 좌우로 흔드는 행동을 합니다. 아마 자신을 크게 보이려는 행동일 것입니다. 그래도 다람쥐가 무시하고 조금 더 둥지 쪽으로 접근하면 그때는 쏜살같이 날아가 다람쥐의 몸을 쪼아댑니다. 용서가 없습니다. 다람쥐가 아무리 잽싸도 동고비의 속도마저 피하지는 못하므로 동고비의 공격은 언제나 유효타가 되는데, 다람쥐는 황급히 도망을 하거나 때로는 가지에서 뚝 떨어질 때도 있습니다. 이런 일은 하루에도 몇 번이나 반복됩니다.

다람쥐가 정말 열심히 따 먹고 있고 은단풍 자체가 나이를 많이 먹은 나무인데도 오른쪽 줄기를 따라서는 아직도 넉넉하게 달려 있는 열매에 눈길이 갑니다. 은단풍이 이토록 많은 열매를 달고 있는 것은 모두 다 퍼뜨리겠다는 욕심에서 비롯한 것이 아니라 누구든지 먹을 만큼 따 먹어도 좋으나 한 개만 남겨달라는 뜻은 아닐까 싶은 생각이 들기도 합니다. 그렇다고 다람쥐가 한 개의 열매조차 남기지 않고 다

먹지는 않을 것입니다. 나머지 하나마저 남기지 않으려 하는 것은 어쩌면 우리 인간만의 모습일지도 모릅니다.

동고비 한 쌍은 오늘도 어린 새들에게 먹이를 나르느라 여전히 정신이 없습니다. 먹이는 변함없이 수컷 혼자 나르고 있으며, 먹이를 나르는 횟수는 부화가 일어난 첫 날과 거의 차이가 없지만 먹이의 크기가 약간 커진 것이 눈에 띕니다. 그리고 오늘은 수컷이 둥지 안으로 들어가는 횟수가 모두 5번으로 조금 늘었으며, 암컷이 먹이를 받은 과정에서 둥지의 입구로 나와 기다리고 있다가 수컷으로부터 먹이를 받아 둥지로 들어가는 횟수가 조금 더 늘었을 뿐 도드라지게 표가 나는 다른 변화는 없습니다.

역할 분담 체제의 변화

5월의 첫날입니다. 동고비를 만난 지 61일째 되는 날이며, 동고비의 둥지에서 새 생명이 탄생한 지 4일째 되는 날입니다. 이제 동고비의 둥지 맞은편 상수리나무 군락 사이에 수줍게 서 있던 층층나무가 층층이 꽃을 피워내고 있으며, 팽나무도 그토록 오랜 시간 먹먹하게 닫고 있던 새 잎을 결국 열었습니다. 은단풍의 잎은 잎눈이 터진 지 보름이 지나니 이제 손바닥을 펼친 모습을 제대로 갖추고 있습니다.

어린 새의 부화가 일어나고 사흘 동안 먹이는 거의 전적으로 수컷이 날랐습니다. 하루도 버티지 못할 줄 알았는데 이미 사흘을 혼자 해냈습니다. 지켜보기에 안쓰럽고 걱정스러워 그렇지 어쩌면 계속 저렇게 버티는 것이 가능하겠다 싶기도 합니다. 그러나 그런 안쓰러움과 걱정은 접으라고 합니다.

↑ 층층나무의 꽃이 한창이고, 은단풍의 잎이 크면서 단풍나무 종류의 잎 모습을 갖추었습니다.

아침 7시 무렵입니다. 암컷이 먼저 역할 분담의 체제를 깨고 수컷과 함께 힘을 모으기 시작합니다. 지금까지 둥지를 지키던 암컷이 밖으로 나와 먹이를 물고 둥지 안으로 들어가기 시작합니다. 그리고 둥지에 오래 머물지 않고 바로 나와 다시 먹이를 구하러 나섭니다. 그만큼 둥지가 비어 있는 시간이 많아지게 되는데, 수컷도 둥지가 비어 있다 하여 암컷이 올 때까지 기다리거나 둥지 입구에 먹이를 두고 가지 않고 망설임 없이 둥지 안으로 들어가기 시작합니다. 물론 수컷의 경우 둥지 안으로 들어가는 자세가 무척 어설프기는 하지만 지난 3일 동안 하루에 몇 번씩은 해본 터라 그럭저럭 잘 드나들고 있습니다.

이런 중에도 둥지에 접근하는 다람쥐를 몰아내고, 더러 먹이 활동을 하러 날아드는 딱따구리들도 쫓아내고, 호시탐탐 둥지를 노리는 어치를 방어하는 일은 여전히 수컷의 몫입니다. 동고비 수컷이 공격 순서를 정하는 것이 참 재미있고 현명해 보입니다. 다람쥐와 오색딱따구리가 동시에 경계 지역으로 침투한 경우가 두 번 있었는데, 두 번 모두 오색딱따구리를 먼저 공격하여 몰아냈습니다. 한번은 오색딱따구리가 다람쥐보다 둥지에서 더 멀리 있는데도 오색딱따구리를 먼저 공격하기도 했습니다. 오색딱따구리는 다람쥐와 달리 둥지를 한순간에 망가뜨릴 수도 있는 존재인 것을 잘 알고 있다는 뜻입니다.

부화가 일어난 지 나흘째를 맞아 두 달 동안 유지했던 역할 분담 체제는 막을 내리고 이제 암수가 같은 일을 함께 나누어 하는 형태로 완전히 바뀝니다. 암컷과 수컷이 각자 먹이를 주고 나가고 또 주고 나가고 하는 것이 거의 교대의 수준으로 이루어집니다. 물론 한쪽이 연달아 두세 번을 올 때도 있습니다. 그런데 체제 변화의 첫날이라 그럴 수도 있겠지만 지금까지 암컷 혼자 드나들던 둥지를 암수 모두 드나들어야 하는 상황이 되면서 그 과정이 아주 깔끔하게 이루어지지 않고 있습니다.

우선 둥지 입구에서 서로 부딪치는 경우가 많습니다. 한쪽이 둥지에 왔을 때 둥지 안에 다른 쪽이 있는지 확인하지도 않고 급하게 들어가려다 그 순간 나오려는 쪽과 부딪치는 경우가 생기고 있습니다. 또한 이미 한쪽이 둥지 안에 있는 것을 알았다 하더라도 둥지 입구에서 기다리는 쪽은 둥지 안에 있는 친구가 입구를 잘 빠져나와 날아갈 수 있도록 길을 열어주어야 하는데, 입구에 그대로 버티고 있는 바람에 충돌이 일어나기도 합니다. 그리고 나름 피한다고 피했는데 그 위치가 더러 입구 아래쪽이 되어 둥지를 나오는 쪽에 밟히기도 합니다. 모든 것이 연습 없이 되지는 않나 봅니다.

교대를 하며 번식 일정을 치러내는 딱따구리의 경우 암수가 둥지를 드나드는 과정은 무척 체계적이기 때문에 교대를 하는 과정에서 충돌은 일어나지 않습니다. 딱따구리의 경우 교대는 번식 일정 전반에 걸친 암수의 기본적인 행동입니다. 게다가 교대 시간은 하루 중에 암수가 서로 만날 수 있는 몇 번 되지 않는 시간이라 간단하지만 특별한 교대 의식을 치르기 때문입니다.

우선 둥지에 있는 쪽은 고개를 이미 내밀고 있는 것이 아니라면 밖에서 어떤 일이 일어나고 있는지 알 수 없기 때문에 교대를 위해 둥지에 접근하는 쪽이 소리를

↑ 역할 분담 체제에서 협업의 형태로 바뀌며 둥지에 드나드는 것이 서로 서툴러 충돌을 할 때가 잦습니다.

↑ 까막딱따구리가 서로 몸이 부딪치는 일 없이 체계적으로 교대를 하고 있습니다. 교대는 딱따구리과 새들의 공통적인 특징입니다.

내서 둥지를 향해 가고 있다는 신호를 해줍니다. 멀리서부터 소리를 내며 둥지로 접근하는 경우도 있고, 가까운 거리까지 와서 짧게 소리를 내주는 경우도 있습니다. 교대는 보통 2가지 유형으로 이뤄집니다. 교대를 하는 쪽이 둥지를 튼 나무에 이르기 전에 접근하는 소리를 확인하고 둥지 안에 있는 쪽이 먼저 둥지를 떠나는 경우가 있으며, 둥지 입구까지 거의 접근하여 교대가 이루어지는 경우가 있습니다. 어떠한 경우이든 접근하는 쪽이 둥지 근처에 오면 둥지 안에 있는 쪽도 둥지의 안쪽 벽을 부리로 '딱딱딱, 딱딱딱, 딱딱딱' 몇 번 두드려 자신이 안에 있다는 신호를 보냅니다. 소리로 나누는 교대의 인사입니다. 둥지 입구에서 교대가 이루어질 경우, 교대를 하러 온 쪽은 언제나 둥지의 입구를 완전히 비켜서 내려앉습니다. 입구의 왼쪽으로 앉는 경우도 있고, 오른쪽으로 앉는 경우가 있으나 그것은 둥지에 접근하는 방향에 따라 그때그때 편한 쪽을 선택하는 것으로 보입니다. 둥지 입구의 어느 한쪽에 앉아 기다려도 둥지 안에 있는 쪽이 바로 나오지 않을 때가 있는데, 그때는 둥지 입구로 옆걸음질을 쳐 조금 더 이동하여 고개만 슬쩍 넣어서 짧은 소리를 몇 번 더 내주고 다시 원래의 위치로 비켜주면 안에 있는 쪽이 둥지를 빠져나옵니다. 둥지를 빠져나가는 그 짧은 순간에도 서로 얼굴을 보며 작은 소리로 인사를 나눌 때가 많습니다. "그동안 둥지에서 애썼으니 이제 좀 쉬어요", "힘들겠지만 다시 와 교대할 때까지 애써줘요" 정도의 인사를 나누지 않나 싶습니다. 이런 과정을 거치기 때문에 둥지에 도달하기 전에 교대가 일어나든 아니면 둥지 입구에서 교대가 이루어지든 딱따구리는 교대를 하며 서로 몸이 부딪치는 일은 일어나지 않습니다.

해가 서산으로 몸을 숨기고 조금 더 시간이 지나자 어김없이 숲에 어두움이 내립니다. 오늘은 동고비가 두 달 동안 유지했던 역할 분담의 틀을 깨고 암수가 같이 분주하게 둥지를 드나들며 먹이를 나르기 시작한 첫날입니다. 둥지를 함께 드나드는 것이 어설프고 서툴러서 많이 부딪치기도 한 날이지만 암수가 힘을 모아 먹이를 나르니 먹이를 가져온 횟수가 조금 더 늘었고, 훨씬 효율적으로 보입니다.

    나는 무언가 오랜 시간 습관처럼 해오던 것을 바꾸는 것에 익숙하지 않습니다. 상황이 달라져 더 이상 예전의 행동과 태도를 고집할 수 없게 되었을 때조차 제대로 바꾸지 못했습니다. 이것은 한결같다는 것과는 또 다릅니다. 그러나 저들은 서툰 시작을 두려워하지 않고 제 모습을 새로운 상황에 맞추어 새롭게 바꾸며 옳게 대처하고 있습니다. 많이 부끄럽습니다.

어린 새를 위한 먹이와
어린 새의 배설물

5월의 둘째 날입니다. 동고비를 만난 지 62일째 되는 날이 되며, 동고비의 둥지에서 새 생명이 탄생한 것으로는 5일째가 되는 날입니다. 팽나무 잎이 하룻밤 사이에 거짓말처럼 커져 있습니다. 그렇더라도 아직은 너무나 작은 크기의 잎인데 벌써 다 컸을 때의 모습을 고스란히 갖추고 있는 것이 참으로 신기합니다. 팽나무가 있는 자리에서 몇 걸음 옮기면 층층이 꽃을 달고 있는 층층나무가 보입니다. 아직 아침 햇살이 닿기 전인데도 환히 웃음 지으며 나보다 먼저 아침 인사를 건넵니다.

동고비의 둥지에서 새 생명이 탄생하면서 둥지의 하루가 시작되는 시간이 조금씩 빨라졌습니다. 수컷이 그날의 첫 번째 먹이를 가지고 둥지에 오는 시간이 날마다 조금씩 빨라진 것입니다. 그러나 오늘은 그 시간이 조금이 아니라 훨씬 더 많이 당겨졌습니다. 협업의 형태로 바뀐 지금은 수컷이 둥지의 아침을 여는 것이 아니기 때문입니다. 온 밤을 어린 새들과 함께 지내기에 암컷은 배고픈 둥지의 사정을 누구보다 잘 알고 있습니다. 이제는 수컷이 먹이를 가져올 때까지 둥지에서 가만히 기다리고 있을 수만은 없는 상황인지라 암컷이 먼저 둥지를 박차고 먹이를 구하러 나섭니다. 오늘 암컷이 먹이를 구하러 나선 첫 시간은 5시 45분이었습니다. 수컷이 둥지에 온 것은 6시 11분이었고, 암컷은 8번째 먹이를 구하러 둥지를 비우고 나선 때였습니다.

이제 수컷이 암컷과 힘을 합하니 둥지는 이른 아침부터 정말 정신이 하나도 없는 지경이 됩니다. 암수가 힘을 모아 할 수 있는 모든 방식을 다 보여줍니다. 교대하듯 각자 드나들기도 하고, 둥지 입구에서 기다리고 있는 암컷에게 수컷이 먹이를 전해주고 바로 또 먹이를 구하러 나서면 암컷은 수컷에게 받은 먹이를 둥지 안으로 가지고 들어가 어린 새에게 주고 즉시 입구로 나와 다시 수컷을 기다리기도 하며, 둥지 안에 있는 암컷에게 수컷이 밖에서 입구로 고개만 넣어 먹이를 전해주고 다시 먹이를 구하러 가기도 하고, 둥지 안에 한쪽이 들어가 먹이를 주고 있느라 아직 나오지 않았는데도 다른 한쪽이 또 들어가 먹이를 준 뒤 둘이 꼬리를 물고 둥지를 떠나기도 합니다.

동고비가 이리 바쁘니 나 또한 덩달아 분주해집니다. 지금까지는 암수가 먹이를 가져오는 방향과 먹이를 구하기 위해 향하는 방향까지 모두 기록했었는데 이제 그 기록은 포기해야겠습니다. 암컷과 수컷 각자가 먹이를 가져오는 시간을 정확히 기록하는 것만도 버겁습니다.

동고비가 어린 새들을 위하여 나르는 먹이는 거의 대부분 애벌레입니다. 아직까지 성숙한 곤충을 가져온 적은 없습니다. 어린 새들에게 제공되는 먹이는 당연히 영양이 풍부해야 합니다. 둥지는 기본적으로 안전한 곳이지만 위험의 요소도 함께

← 어린 새를 위한 먹이는 주로 애벌레입니다. 특정 종에 한정하지 않고 다양한 애벌레를 구해 오는데, 애벌레는 영양이 풍부하고 수분함량도 높은 훌륭한 먹잇감입니다.

↑ 암컷은 진흙 벽 꼭대기에 비밀 창고를 가지고 있습니다. 비상식량으로 씨앗 하나를 꺼내 먹습니다.

지니고 있는 곳입니다. 따라서 가능한 빠른 시간에 어린 새를 키워내야 하고, 그러려면 먹이는 다양한 영양소를 골고루 갖춰야 하며, 수분함량도 높아야 합니다. 어린 새들이 먹이를 통하지 않고서는 물을 접할 수 없기 때문입니다. 그러한 면에서 애벌레는 어린 새들을 위한 최고의 먹잇감이 됩니다. 동고비가 어린 새의 먹이로 구해 오는 애벌레가 특정 종의 애벌레로 한정되지는 않는 것으로 보입니다. 다양한 색과 생김새의 애벌레를 나릅니다. 어느 한 종의 애벌레만 선호한다면 그 종의 개체 수 격감 또는 멸종에 동고비의 종 보존도 직접적인 영향을 받을 수밖에 없는데 그럴 일은 없어 보입니다. 하지만 안타깝게도 동고비가 나르는 먹이들이 구체적으로 어떤 곤충의 애벌레인지는 구분하기 어렵습니다. 곤충학자에게 의뢰해보았지만 동정(同定)은 불가능한 일이라고 합니다. 해부현미경을 통해 찬찬히 살펴보아도 구분하기 어려운 것을 이토록 먼 곳에서 찍은 사진만으로 구분해달라고 부탁하는 것이 무리였습니다.

 암컷은 역시 암컷입니다. 조금도 예상하지 못한 장소에 비밀 창고를 하나 가지고 있었습니다. 입구로 나와 날아갈 듯 머뭇거리다 고개를 죽 내밀어 바깥 진흙 벽 꼭대기에서 씨앗으로 보이는 것을 빼내 먹더니 바로 둥지 안으로 들어갑니다. 처음에는 그 모습에 한참을 웃었는데 어린 새를 돌보기 위해 그 작은 씨앗 하나로 시장기를 달래고 또다시 둥지로 들어가야 했다는 것을 생각하자 한참을 멍하니 서 있어야 했습니다.

동고비가 둥지를 지을 때부터 본격적으로 알을 품기 전까지는 점심 무렵이면 꼭 휴식 시간이 있어 나도 덩달아 고맙게 쉴 수가 있었는데, 동고비도 나도 휴식 시간을 잊은 지 오래입니다. 요기를 하는 것마저 한 번에 이어서 하는 것이 어려울 정도입니다. 그래도 배를 조금 달래줘야 할 형편이 되어 가방을 뒤적이고 있을 때 동고비의 둥지 뒤편에 자리한 높은 산에서 뭔가 움직임이 느껴집니다. 어수선하게 엉클어진 수풀과 언덕의 굴곡에 가려 보이다 말다 하지만 몸집이 큰 연한 갈색의 생명체가 골짜기를 따라 내려오는 것이 분명합니다. 잠시 후 형체가 제대로 드러났을 때 자세히 보니 고라니입니다. 위장막을 조금 더 당겨 덮고 골짜기의 끄트머리 쪽으로 카메라를 돌려봅니다. 고라니가 도로에 의해 끊어진 골짜기의 끝자락에 이르러 잠시 걸음을 멈추더니 주위를 살핍니다. 송곳니가 밖으로 길게 나와 있는 것을 보니 수컷입니다. 도로를 건너 서쪽 숲으로 이동하려 했던 모양인데 딱 한 번의 셔터 소리를 바로 알아차리고 방향을 바꿔 다시 동쪽 숲으로 껑충껑충 뛰어 단숨에 시야에서 사라집니다.

고라니를 보면 우선 반갑지만 가슴 한쪽이 답답해지기도 합니다. 최근 들어 개체 수가 급격히 증가하면서 영역 다툼에서 밀려난 개체들이 먹을 것을 찾아 농경지까지 내려오는 경우가 많아졌고, 그로 인한 작물 피해가 당사자 입장에서 보면 여간 큰 것이 아니기 때문입니다. 골칫거리가 되고 있는 것은 고라니뿐이 아닙니다. 멧돼지도 마찬가지입니다. 고라니와 멧돼지의 개체 수가 급증하고 있는 이유는 우리

↑ 산비탈을 따라 내려온 **고라니**와 눈이 마주쳤습니다. 고라니는 소목 사슴과의 포유류로, 몸길이는 1미터에 이르며, 암수 모두 뿔이 없고, 수컷은 6센티미터 정도의 송곳니가 입 밖으로 튀어나와 있습니다.

나라의 숲이 건강해진 것과 야생동물을 보호하기 위한 다양한 프로그램들이 제대로 가동되고 있는 탓도 있겠지만 가장 큰 이유는 이들의 숫자를 자연스럽게 조절해 줄 호랑이, 표범, 늑대와 같은 천적이 우리의 땅에서 멸종했기 때문입니다. 지금은 달리 방법이 없어 천적이 해야 할 일을 우리가 대행해야 하는 지경에까지 와 있습니다. 한쪽에서는 보호하여 그 수를 늘리고 있고, 또 한쪽에서는 잡아서 그 수를 줄이고 있으니 뭔가 꼬여도 단단히 꼬여 있는 것이 분명합니다. 마치 물로 꽉 채워진 커

↑ 부화 5일째를 맞아 처음으로 어린 새의
배설물을 처리하기 시작합니다.

다란 풍선을 누르는 것과 같아 보입니다. 한쪽을 누르면 다른 쪽이 올라오고 그래서 그쪽을 누르면 또 다른 쪽이 올라오는 식입니다. 그러나 우리 땅의 생명을 온전히 지키지 못하고 멸종의 길로 가게 한 것에 대해 우리가 치러야 할 대가는 어쩌면 아직 시작조차 하지 않은 것일지도 모릅니다.

부화의 첫날은 빼더라도 그다음 날부터 지금까지 내심 기다리고 있는 모습이 하나 있습니다. 바로 배설물의 처리입니다. 무언가를 먹으면 배설물이 발생하는 것이야 당연한 일인데 부화가 일어나고 먹이를 나른 지 벌써 5일째인데도 아직 어린 새들의 배설물이 보이지 않습니다. 오전도 그냥 지나 이제 정남쪽으로 다가선 해의 따가움이 대단한데도 암컷과 수컷은 여전히 먹이를 나르느라 분주할 뿐입니다.

오후 1시 26분입니다. 먹이를 주러 둥지 안으로 들어간 암컷이 어쩐 일인지 조금 더디 나온다 생각할 즈음 수컷이 옵니다. 이번에는 밖에서 먹이만 전해줄지 아니면 수컷도 둥지 안으로 들어갈지 관심 있게 보고 있는데 통로로 고개만 넣어 먹이를 전해준 수컷이 잠시 그대로 있더니 천천히 그리고 조심스럽게 몸을 돌립니다. 빈 부리가 아닙니다. 부리에 배설물이 물려 있습니다. 오목눈이가 물고 나왔던 것과 모양도 같고, 색까지 우윳빛인 배설물을 물고 숲으로 멀어집니다. 배설물은 주로 수컷이 둥지 밖에서 암컷이 전해주는 것을 받아 처리할 때가 많지만 암컷이 직접 물고 나올 때도 있습니다. 이렇게 배설물의 처리가 시작되어 5분 뒤 다시 똑같은 상황이 벌어집니다. 그 이후로 2시 20분에서 2시 38분 사이에는 4번, 3시 16분에서 3시 22분 사이에는 2번, 4시 15분에서 4시 26분 사이에 4번, 6시 41분에서 6시 59분 사이에 다시 배설물을 4번 내다 버려 결국 오늘은 모두 16번에 걸쳐 배설물을 처리했습니다. 암컷이 밤을 지새우기 위하여 둥지 안으로 들어간 마지막 시간은 해가 이미 지고 서쪽 하늘로 노을만 퍼져 있는 7시 17분이었습니다. 7시 40분이 되자 노을의 기운도 잿빛으로 바뀌며 둥지를 구분하는 것이 불가능해집니다.

배설물과 관련하여 재미있는 부분은 어린 새들이 배설을 산발적으로 하는 것이 아니라 비슷한 시간에 몰아서 한다는 점입니다. 어린 새들이 배설의 시간을 스스로 조절한다고 보기는 어렵습니다. 따라서 이는 어린 새들의 능력이 아니라 부모 새의 능력에 해당하는 것으로 어린 새들에 대한 먹이의 공급이 상당히 균등하게 이루어진다는 것을 엿볼 수 있습니다. 그리고 배설물은 가능한 멀리 가서 버립니다. 천적이 배설물의 냄새를 추적하여 둥지를 찾아내는 일이 없도록 해야 하니 그리해야 함이 옳습니다. 그런데 배설물을 버리러 가는 방향도 흥미롭습니다. 배설물을 버리러 가는 방향을 계속해서 바꿉니다. 배설물을 분산시키겠다는 의도로 보입니다. 물론 분산 효과가 얼마나 있을지는 모르겠습니다. 그러나 어린 새의 안전을 도모하는 일이라면 할 수 있는 것은 다 하는 행동 중 하나인 것은 분명해 보입니다.

그리고 여기서 꼭 짚고 넘어가야 할 것이 있습니다. 왜 부화가 일어나고 그에 대한 먹이의 공급이 일어난 지 5일째가 되어서야 배설물이 발생하느냐 하는 부분입니다. 어미 새가 둥지에서 배설물을 직접 물고 나오는 것을 기준으로 한다면 어린 새가 먹이를 먹기 시작한 지 5일이 되어서야 배설이 일어나는 것으로 보이지만 그럴 리는 없습니다. 적어도 먹이를 먹은 지 하루 정도가 지나면 배설은 일어날 것이기 때문입니다. 그렇다고 그동안의 배설물을 둥지 안에 쌓아두었을 까닭은 더욱 없습니다. 남은 가능성은 하나입니다. 어미 새가 어린 새의 초기 배설물을 먹는 것입니다. 갓 깨어난 어린 새의 소화 능력은 뛰어나지 않습니다. 먹이에 담겨 있는 영양소의 대부분이 제대로 소화·흡수되지 못한 채 배설되었을 텐데 아직 영양 가치가 충분히 남아 있는 부화 초기의 배설물을 구태여 먼 곳까지 날아가 버릴 이유가 없습니다. 부모 새는 실제 자신의 먹이를 구할 시간도 제대로 없는 형편입니다.

좌절의 시간

 5월의 셋째 날로 동고비의 둥지에서 새 생명이 탄생한 지 6일째 되는 날입니다. 어제부터 조금씩 무거워지는 몸과 마음과는 달리 하늘은 구름 한 점의 기웃거림도 없이 맑기만 합니다. 소나무 가지에 어치 한 쌍이 차례로 내려앉아 가지가 슬쩍 흔들린 것뿐인데도 소나무의 꽃가루가 노란 연기처럼 피어오릅니다. 이제 소나무의 꽃가루는 제 짝과 만나기 위해 날아오를 모든 준비를 마치고 사나운 바람이 몰아쳐 자신을 사정없이 흔들어 멀리멀리 날려주기만을 가만히 기다리고 있는 중입니다.

 부지런한 다람쥐 하나가 아까시나무에 모습을 드러냅니다. 나무 밑동부터 타고 올라온 다람쥐가 자리를 잡은 곳은 한적해 보이는 부러진 가지로, 딱 나의 눈높이입니다. 잠시 주위를 둘러보더니 바로 양손으로 얼굴을 쓸어내리며 세수를 시작합니다. 물 대신 털에 침을 묻혀 얼굴을 닦는다는 것 말고는 내가 세수를 하는 모습과 크게 다르지 않습니다. 세수를 마치고는 등과 발 그리고 꼬리의 털까지 가지런히 쓸어내리며 몸단장을 합니다. 나의 관찰 위치에서 다람쥐가 있는 곳과 동고비의 둥지가 있는 곳의 거리가 거의 비슷해 보입니다. 동고비의 둥지로 다시 눈길을 돌리는데 저절로 한숨이 나옵니다. 동고비가 다람쥐의 크기만 되었으면, 그리고 이렇게 많이 올려다보지 않아도 되도록 둥지가 조금만 낮았으면 하는 아쉬움이 가슴을 무겁게 누릅니다.

↑ 이른 아침 **다람쥐**가 아까시나무 마른 가지에 자리를 잡고 세수와 몸단장을 하고 있습니다.

동고비를 만난 날로부터는 64일째 되는 날이지만 동고비를 만나고 싶은 마음에, 동고비의 번식 일정 전체를 처음부터 보고 싶은 마음에 딱따구리의 옛 둥지 12

곳을 정해놓고 기다리기 시작한 날로부터 꼽아보니 80일 가까이 지났습니다. 다른 모든 일정을 접고 동이 트기 전부터 숲에 어두움이 내려 더 이상 보이지 않을 때까지 동고비만을 만나는 일상이 날마다 되풀이되고 있지만 하고 싶었던 일이었고, 한다면 그렇게 하기로 마음먹고 시작한 일이라 힘들어도 힘든 줄 모르고 행복했습니다. 그러나 2가지의 어긋남이 있었습니다.

우선 휴직을 하여 강의도 없이 동고비만 만나면 무척 편할 줄 알았는데 실제는 그렇지 않았습니다. 지난해 큰오색딱따구리를 관찰할 때에는 강의를 빠짐없이 다 하며 그들을 만났습니다. 강의 때문에 하루에 서너 번씩 학교와 큰오색딱따구리의

둥지를 오간 적도 있었습니다. 그때는 그 일정이 고단하다 여겼는데 이제 와 생각해보니 그것은 휴식이었습니다. 학생들을 만나고 오는 것이 오히려 힘이 되었던 것입니다. 선생은 언제나 학생 곁에 있어야 하나 봅니다. 지금은 하루에 몇 번씩 오가

는 일도 없고, 늦은 밤까지 관찰을 한 뒤로 다시 학교에 들어가 밤을 새워가며 강의 준비를 해야 하는 일도 없이 가만히 동고비만 보고 있는데도 몸이 더 힘든 것을 보면 분명 그렇습니다.

그리고 동고비가 어린 새를 키워내는 일정이 무척 길다는 것을 전혀 예상하지 못했습니다. 둥지를 완성하는 데에만 한 달이 넘게 걸린다는 것은 상상도 못했던 일입니다. 길어도 두 달이 되기 전에 건강하게 자란 어린 새들과 함께 동고비 가족이 둥지를 떠날 것으로 예상했고, 나는 그저 동고비 가족에 대한 이별의 아쉬움만 감당하면 될 줄 알았는데 두 달이 지난 지금 동고비 둥지에서는 이제 간신히 부화가 일어나 먹이를 나르고 있을 뿐입니다. 어린 새가 둥지로 고개를 내밀 시간마저 아득히 멀게만 느껴집니다. 어찌 되었든 먹이를 나르기 시작한 지금부터야말로 집중력을 한껏 발휘해야 할 중요한 시기인데 오히려 체력은 바닥을 보이고 있습니다. 내 몸이 나에게 구체적으로 그렇게 알려주고 있습니다. 서 있거나 앉아 있거나 관계없이 몸을 주체하기 힘들 정도입니다. 하지만 몸이 아무리 고단하더라도 그 순간을 버티면 무엇을 하나씩 알아간다는 기쁨이 있으니 고단함도 덮을 수 있습니다. 그러나 이제 마음이 지쳐 동고비를 만나는 일 자체를 포기하고 싶은 생각이 들기도 합니다. 몸이 먼저 지치고 마음이 따라 지친 것이라면 눈 딱 감고 하루나 이틀 쉬면 되겠지만 마음이 먼저 지친 것이 문제입니다. 마음이 중심을 잡지 못하고 이렇게 저렇게 흔들리는 것의 원인은 언제나 그렇듯 욕심이 지나친 것 때문입니다. 나는 지나친 것이 아니라 여겼으나 동고비에 대하여 하나도 빠짐없이 보고 또 알고 싶었던 것이 지나친 욕심이었나 봅니다. 동고비의 크기가 작고 행동이 잽싼 것이야 알고 시작했던 일입니다. 그것은 좋은 사진을 찍겠다는 욕심만 버리면 되는 일이니 어렵지 않았습니다. 암컷과 수컷을 외형으로 구분할 수 없으니 번식 과정을 따라간다는 것이 무척 벅찬 일정이 되겠다는 것도 알고 시작한 일입니다. 하지만 다행스럽게도 암컷과 수컷은 역할을 분담해주었고, 그에 따라 아주 사소한 것이지만 잘 살펴보면 암수를 서로 구분할 수 있는 차이가 있었습니다. 그러나 이제 역할 분담의 틀이 무너지고 암컷과 수컷이 서로 정신없이 둥지를 드나들면서 암수를 구분하는 것이 점점 어려워지더니 오늘은 아예 손을 들어야겠습니다. 어제는 먹이를 가져오는 방향과 먹이를 구하기 위해 새롭게 향하는 방향에 대한 기록을 접었는데, 바로 하루가 지난 오늘은 암컷과 수컷의 구분에 대한 기록마저 접어야겠습니다. 역할 분담의 체제가 깨진 이후 하루에 암컷은 몇 번이나 먹이를 나르며 수컷은 또 몇 번이나 먹이를 나르는지, 그리고 그 숫자는 시간이 흐르며 어떻게 바뀌는지 알고 싶었는데 암컷과 수컷을 구분하는 것 자체가 완전하지 않으니 불가능한 일이 되었습니다. 메모장에는 암컷이 오는 횟수를 적는 칸이 있고, 수컷이 오는 횟수를 적는 칸이 있었습니다. 암수의 구분이 몹시 어려워진 오늘부터는 그 아래 '구분 못함'이라는 칸이 하나 더 생겼습니다. 지금도 암수를 완전히 구분하지 못하는 것은 아닙니다. 암컷은 부리가 거의 정상의 모습으로 돌아오기는 했지만 아직도 아주 조금은 뭉뚝한 편이고, 수컷과 달리 둥지에 오래 있다 나오는 경우가 더러 있으며, 둥지에 오래 있다가 나올 때면 등 쪽의 깃털이 위로 약간 말려 집중해서 보면 표가 나기도 합니다. 그리고 근래 수컷은 암컷에 비해 무척 수척한 느낌이 드는 부분도 차이라면 차이일 수 있습니다. 하지만 오늘 하루의 기록을 보면 암컷 42번, 수컷 65번, 구분 못함 105번, 오늘 먹이를 가져온 총 횟수 212번으로 되어 있습니다. 그리고 아마 몇 번은 동고비의 움직임을 놓치기도 했을 것입니다. 몸이 고된 것이야 견딜 만하지만 지금은 좌절의 시간입니다.

폭우와 동고비

　5월의 넷째 날로 동고비의 둥지에서 새 생명이 탄생한 지 7일째 되는 날입니다. 어젯밤부터 비가 올 듯했는데 아직 빗방울은 떨어지지 않고 있습니다. 하지만 먹구름이 밤새 제 무게를 저리도 늘렸으니 이제 스스로 줄이지 않고는 더 이상 버티지 못할 것으로 보입니다.

　나도 나의 무게를 줄여야겠습니다. 이제 동고비 암컷과 수컷을 구분하는 것은 포기합니다. 먹이를 가지고 오는 시간을 일일이 기록하는 것도 포기합니다. 다 적으려다 놓치기보다는 하루에 먹이를 나르는 횟수라도 정확히 기록하는 것이 나을 것 같아 먹이를 가지고 올 때마다 시간을 기록하는 대신 바를 정(正) 자를 써나가려 합니다. 하지만 배설물을 처리하는 것은 먹이를 나르는 것에 비하면 훨씬 수가 적을 뿐만 아니라 확실히 구분되는 모습이므로 시간까지 기록하기로 정합니다.

　　진한 먹구름으로 햇살은 막혀 있고 게다가 바람마저 거칠어 지난 며칠과 달리 아침 기온이 뚝 떨어졌습니다. 이제는 다시 사용할 일이 없을 것 같아 한쪽에 던져 둔 장갑에 눈길이 갈 정도입니다. 오늘은 먹이를 나르는 속도가 확실히 더딥니다. 둥지에 있는 시간도 훨씬 길어졌습니다. 어린 새들의 보온에 각별히 신경을 쓰고 있는 모습입니다. 6시 15분에서 6시 28분 사이에 연속 4번에 걸쳐 배설물을 처리합니다. 배설물을 물고 나오기 시작한 그저께도 그랬고, 어제는 더 분명했는데 배설물을 한번 처리하기 시작하면 4번 연속하여 처리하는 경우가 많습니다. 이 숫자는 어린 새의 마릿수와 분명 연관이 있어 보입니다. 9시 15분에서 9시 25분 사이에 다시 4번, 10시 27분에서 10시 48분 사이에 다시 4번, 11시 8분에서 11시 19분 사이에 다시 4번, 11시 43분에서 11시 58분 사이에 다시 4번 배설물을 처리합니다. 오전에 정확히 4번씩 5번을 처리하여 모두 20번의 배설물을 처리합니다. 아무래도 어린 새의 수는 4의 배수일 것으로 보입니다. 4마리는 너무 적습니다. 그렇다면 8마리 또는 12마리일 텐데, 지금까지의 정황으로 미루어 볼 때 동고비의 어린 새는 8마리일 가능성이 높아 보입니다.

　　정오를 넘어서며 바람이 무엇 하나 단속할 수 없게 사나워집니다. 바람에 몸을 실을 수 있는 것은 모두 다 바람을 타고 날아다니는 것 같습니다. 때를 만난 소나무는 가지마다 노란 꽃가루를 연기처럼 뿜어내 마치 노란 연기 속에 서 있는 느낌입니다. 상수리나무의 시든 꽃도 뭉치로 날아다닙니다. 플라타너스 열매는 툭툭 다발로 터져 날아다니고, 심지어 바닥에 얌전히 있던 마른 잎들마저 하늘로 솟구쳐 눈을 제대로 뜰 수 없는 지경이 됩니다. 바람의 방향도 수시로 바뀌어 도대체 어느 쪽으로 등을 두어야 할지 모를 정도입니다. 하지만 괜찮습니다. 이 바람이 꽃가루가 제 짝을 만나는 길이 된다면 잠시 눈을 뜨지 못하는 것쯤이야 아무래도 상관없습니다.

↑ 사나운 바람에 온갖 것들이 날리지만 바람이 잠시라도 주춤거리면 동고비는 어디선가 순식간에 먹이를 물고 나타납니다.

바람은 바람대로 잦아들 줄을 모르는데 3시 반이 조금 지나자 두둑두둑 소리를 내며 비까지 합세하더니 잠시의 여유도 주지 않고 빗줄기는 바로 폭우 수준으로 바뀝니다. 길에는 금방 노란 꽃가루 물길이 생기고, 멀리서 들리던 천둥소리도 어느새 다가와 바로 머리 위에서 으르렁거립니다.

오늘은 모진 바람에 먹이를 나르는 것이 조금 저조했는데 폭우가 쏟아지면서부터는 어쩔 수 없이 암컷과 수컷의 움직임이 멈춥니다. 수컷은 둥지를 떠난 뒤 오지 못하고 있으며 암컷은 둥지에 그대로 머물고 있습니다. 폭우 속에서 암컷이 자주 고개를 내밀고 측은한 표정으로 밖을 내다봅니다. 수컷이 어디서 이 비를 제대로 피하고 있는지 걱정스러운 모양입니다.

암컷이 고개를 내밀고 있어도 비에 젖는 일은 없습니다. 애초에 딱따구리가 둥지를 지을 때 비가 들이치는 방향 그리고 나무가 기울어진 정도와 방향까지 모두 고려하여 지은 데다 동고비가 다시 손질을 하면서 입구를 더 안쪽으로 당기고 문턱까지 높였기 때문에 비가 들이치지 않습니다. 새가 번식을 위하여 짓는 둥지는 새로

↑ 암컷이 폭우 속에 고개를 내밀고 수컷을 기다리고 있습니다.

운 생명이 탄생하는 공간입니다. 절대로 아무렇게나 또는 허술하게 짓지 않습니다.

5시 가까운 시간입니다. 모진 바람도 잦아들고 빗줄기도 조금 가늘어진다 했더니 바로 비에 젖은 수컷이 먹이를 물고 나타납니다. 이후로 빗속에 어찌 그리 먹이를 빨리 구하는지 신기할 만큼의 속도로 정신없이 먹이를 나르기 시작합니다. 암컷

은 둥지를 벗어나지 않고 수컷으로부터 먹이를 받아 전해주고 배설물을 받아 수컷에게 건네주기만 합니다. 암컷이 미처 고개를 내밀고 있지 못하면 수컷은 둥지 입구에 먹이를 놓고 바로 또 나가기도 하며 다시 예전의 모습으로 돌아갑니다. 이미 비에 젖은 수컷만 움직이고 있습니다. 비에 흠뻑 젖은 몸으로 둥지에 들어가는 것이 둥지의 어린 새들을 위하여 도움이 될 것이 없음을 알고 있는 모양입니다.

이미 늦은 시간인 데다 아직도 남아 있는 먹구름과 떨어지는 빗줄기에 무엇을 구분하기가 어려워졌지만 그래도 동고비는 움직입니다. 폭우 때문에 어쩔 수 없이 멈추었던 일을 어두움 속에서라도 채우고 있습니다. 비바람과 어두움으로 한참 전에 접었던 촬영 장비를 다시 꺼내 펼칩니다. 조리개를 최대한 열고, 셔터 스피드는 가장 느리게 하고, 감도는 카메라가 지원하는 최고로 높여 몇 컷 찍어봅니다. 그래도 뭐가 뭔지 제대로 알기 어려운 새까만 사진이 되었지만 나는 구분할 수 있으며, 그래서 행복합니다. 동고비의 사랑은 어두움도 물리치고 있으며, 생명이 있는 것에 영원한 좌절은 없습니다.

← 빗줄기가 잠시 잦아들자 수컷이 바로 먹이를 구해 나타납니다.

→ 동고비가 어린 새를 위해 어두움 속의 폭우도 뚫고 먹이를 구하러 길을 나섭니다.

손발이 척척

 5월의 다섯째 날로 동고비 둥지에서 새 생명이 탄생한 지 8일째 되는 날입니다. 동고비를 만난 날로부터는 66일째 되는 날입니다. 많은 비가 오고 그친 뒤 햇살이 살아난 날이라 하늘이 정말 깨끗합니다. 바람도 멈춰 있습니다. 비와 바람이 빗자루가 되어 많은 것을 씻어주었습니다. 상수리나무에 달려 있던 꽃들이 다 떨어져 이제 나무에는 잎만 달려 있습니다. 어제 그토록 거센 비바람이 몰아쳤으니 견뎌낼 수 있었겠나 싶은 생각이 먼저이지만 때가 되어 떠났다는 생각이 들기도 합니다. 제자리를 지켜야 했을 때라면 모진 비바람이라 하여 그렇게 쉽게 떨어지지는 않았을 것이기 때문입니다.

 주위를 몇 번 둘러보아도 특별히 향기를 뿜을 꽃은 보이지 않는데 공기가 향기

↑ **붉은배새매**가 동고비의 숲에 나타났습니다. 여름철새인 붉은배새매는 매목 수리과에 속하며 천연기념물 제 323-2호로 지정되어 있습니다.

롭습니다. 기온마저 기분 좋게 싸늘한 좋은 아침입니다. 아직 어두움이 다 가시지 않았지만 암컷은 먹이를 구하러 둥지를 벗어납니다. 둥지에서 밤을 지새움에도 부화가 일어난 뒤로는 등 쪽의 깃털이 말려 올라가는 정도가 훨씬 덜합니다. 깃털이 말렸던 것은 알을 품는 과정과 직접적으로 연관이 있었던 것이 분명해 보입니다.

오늘은 숲에서 처음으로 붉은배새매와 파랑새가 보이기 시작합니다. 여름철새로는 조금 늦게 우리나라를 찾는 친구들이 숲에 자리 잡는 것을 보니 벌써 봄도 여름에게 자리를 내줄 준비를 해야 할 모양입니다. 붉은배새매는 몸길이가 30센티미터 정도로 작고, 먹이는 주로 개구리와 곤충이지만 붉은머리오목눈이와 박새와 같은 작은 새도 잡아먹을 수 있는 맹금류이기 때문에 동고비, 특히 동고비 어린 새에게는 충분히 위협적인 존재입니다. 그러나 다행히 동고비의 둥지에는 관심을 보이지 않습니다.

부화가 일어난 지 나흘째를 맞던 날, 동고비는 두 달 동안 유지했던 역할 분담의 체제를 거두고 서로 힘을 모아 먹이를 나르는 체제로 바꾸었습니다. 물론 첫날은 암수가 서로 둥지를 드나드는 과정이 매끄럽지 않아 부딪치는 경우가 많았습니다. 그러나 시행착오를 거치며 조금씩 그 과정이 나아지더니 오늘부터는 정말 손발이 척척 맞습니다. 딱따구리처럼 둥지에 드나들 때 서로 소리를 내서 분명하게 신호를 해주는 것이 아닌데도 눈치껏 아주 잘하고 있습니다. 우선 이제는 먹이를 물고 와 무턱대고 둥지 안으로 들어가려다 충돌하는 일이 없습니다. 반드시 둥지 안을 먼저 살피고 비어 있는 것을 확인한 뒤 들어갑니다. 둥지는 좁은 통로를 지나야 넓은 공간으로 연결됩니다. 그런데 통로는 위에서 아래로 향하고 있으며, 둥지를 정면에서 보았을 때 왼쪽에서 오른쪽 방향으로 기울어져 있습니다. 따라서 둥지의 내부는 둥지의 입구 왼쪽 조금 위에 앉아서 보아야 고개만 슬쩍 돌려도 잘 들여다볼 수 있도록 되어 있습니다. 이제 둥지 안을 확인할 때는 대부분 둥지 통로의 왼쪽 조

→ 이제 둥지를 드나들 때 왼쪽 또는 오른쪽으로 몸을 확실히 피해주기 때문에 충돌은 일어나지 않습니다.

금 위쪽에서 들여다보기 때문에 둥지 안에 다른 쪽이 있는지 아니면 비어 있는지 쉽게 알 수 있습니다. 물론 가끔은 둥지의 오른쪽에서 둥지의 내부를 살펴야 할 때도 있습니다. 이 경우 왼쪽에서 들여다보는 것보다는 많이 불편하지만 그래도 둥지 안을 살피는 것을 빠뜨리지는 않습니다. 둥지 안에 다른 쪽이 있다는 것을 확인한 뒤에는 몸을 더 확실하게 왼쪽 또는 오른쪽으로 비켜선 채 잠시의 여유를 가지고 기다릴 줄도 압니다. 둥지 안에 있다가 나오는 쪽도 밖에서 기다리는 다른 쪽의 위치를 잠시라도 살핀 뒤 둥지를 벗어나기 때문에 이제 서로 부딪치는 일은 없습니다. 더러 암컷과 수컷이 거의 동시에 둥지에 오는 경우도 있습니다. 이럴 때는 수컷이 조금 일찍 왔더라도 암컷이 먼저 들어가고 수컷이 나중에 들어가며, 수컷은 약간 떨어져서 경계 서는 것을 잊지 않습니다. 그렇더라도 충돌을 피하기 위한 위치 선정에 있어서는 역시 암컷이 탁월합니다. 둥지에 드나든 것으로 따지면 수컷에 비하여 비교도 되지 않을 만큼 많이 드나든 암컷이니 당연한 일이라 여겨집니다.

세세하게 기록을 하는 것은 아니지만 눈여겨보면 암컷과 수컷이 먹이를 물고 와 어린 새에게 주고 다시 새롭게 먹이를 구하러 가는 방향을 정하는 데에도 조화로움이 있다는 것을 알 수 있습니다. 가장 두드러진 특징은 먹이를 구하러 가는 방향이 한곳으로 몰리지 않는다는 것입니다. 더군다나 암수가 거의 꼬리를 잇듯 정신없이 서로 먹이를 주고 나갈 때는 입구에

↓ 암수가 거의 동시에 둥지에 오거나 혹 수컷이 조금 먼저 오더라도 둥지에는 암컷이 먼저 들어가며 그동안 수컷은 경계를 서줍니다.

서 기다리며 다른 쪽이 어느 방향으로 날아가는지를 알게 되는데, 자신은 그 방향으로 가지 않고 조금씩 방향을 바꿉니다. 서로 그런 식으로 방향을 바꾸다 보면 결국 둥지를 중심으로 해서 원을 그리듯 모든 방향으로 먹이를 구하러 가는 꼴이 됩니다. 언제나 그런 것은 아니지만 방향을 바꾸는 것에 일관성이 있어서 대부분 시계 방향으로 돌 때가 많습니다. 물론 혼자 여러 번 먹이를 가져올 때 또한 한곳으로만 지속적으로 가지 않고 다양한 방향으로 이동합니다. 하지만 이러한 행동이 동고비만의 특성은 아닙니다. 동고비의 둥지 아래 수풀에서 어린 새를 키우다 얼마 전 둥지를 떠난 오목눈이 가족이 있었습니다. 오목눈이 역시 먹이를 구해오는 방식에 차이가 없었습니다. 또한 곤줄박이가 둥지를 짓기 위해 이끼를 가져올 때도 한곳에서만 가져와 바닥을 내는 것이 아니라 여러 곳을 두루 다니며 조금씩 가져왔었습니다. 뿐만 아니라 지금까지 번식 과정을 살펴볼 수 있었던 다른 새들의 경우에도 어린 새를 키울 때 먹이를 구하는 방식은 같았습니다. 그리고 아직 번식 일정을 보지 못한 새들이 대부분이지만 먹이를 구하는 방식은 다른 새들 역시 크게 다르지 않을 것으로 추정되기도 합니다. 이렇게 둥지를 지을 재료를 구하거나 어린 새들을 키울 먹이를 구함에 있어서 여기서 조금 또 저기서 조금 그렇게 아끼고 고마워하며 가져오는 행동은 생물자원의 고갈을 막아주는 아주 쉽고도 확실한 길이 된다는 것은 틀림이 없습니다. 저들은 자연에 홀로 설 수 있는 것은 없다는 것과 이웃이 살아야 더불어 자신도 살 수 있다는 자연의 기본 질서를 잘 알고 있으며, 그러한 질서를 지키는 것이 몸에 배어 있는 것으로 보입니다.

오늘도 또 이렇게 하루가 갑니다. 오늘 암수가 나른 먹이는 모두 223번이었고, 배설물은 54번을 물고 나와 둥지 밖으로 버렸습니다. 먹이를 나르는 횟수는 날이 지나도 거의 변화가 없지만 배설물의 숫자는 조금씩 늘어나고 있습니다. 어린 새의 숫자는 8마리, 그리고 어린 새 하나가 하루에 배설하는 숫자는 서로 같다고 가정할

↑ 먹이를 구하러 암수가 동시에 둥지를 나서더라도 각자 다른 방향으로 향합니다.

때 2번의 배설 오차가 생기는데, 하루에 배설하는 숫자가 똑같지 않은 것인지 아니면 내가 세다 빠뜨린 것인지는 잘 모르겠습니다.

이른 아침의 공기를 그토록 향기롭게 해준 것은 항상 나의 등 뒤에 서 있다 언제 꽃을 피웠는지도 모르게 혼자 꽃을 피운 아까시나무였나 봅니다. 딱 2그루가 서 있을 뿐이고, 게다가 나이를 많이 먹어 나무의 힘이 무척 약해져 나무 꼭대기 쪽에만 꽃을 달고 있는데도 해거름이 되니 다시 진한 향기를 술술 흘려줍니다.

← 공기 속에 스며든 향기는 언제나 나의 등 뒤에 서 있는 아까시나무의 꽃에서 비롯된 것이었습니다.

피할 수 없으면 즐기라는 말이 있는데 절대 그럴 수 없는 녀석이 벌써 모습을 드러냅니다. 1초에 날개를 500~600번이나 움직여 우리의 귀가 가장 잘 들을 수 있는 주파수 영역에 해당하는 500~600Hz의 소리를 내는 녀석입니다. 해거름도 지나 어두움이 내리자 바로 귓전을 맴돌며 '웽~' 소리를 내더니 잠깐 사이에 얼굴과 손등이 울퉁불퉁해집니다. 겪어보지 않은 사람이라면 "정말?"이라고 의아해할지도 모르지만 숲에서 무언가를 관찰할 때 가장 힘든 것은 외로움이 아닙니다. 바로 모기입니다.

둥지의 어린 새소리

    5월의 열 번째 날입니다. 둥지에서 새 생명이 탄생한 지 13일째 되는 날이며, 동고비를 만난 지 71일째 되는 날입니다. 며칠 맑은 날이 이어지더니 오늘은 비가 오려는지 하늘에 구름이 많습니다. 바람도 있어 움직이다 쉬고 다시 움직이다 쉬기를 자주 반복합니다. 바람이 쉬고 있을 때조차 이제 누렇게 익은 은단풍의 열매가 스스로 뱅그르르 돌며 떨어집니다. 매달려 있던 어미 나무를 다 벗어나지 못했으니 그늘에 가리는 그곳에서는 싹을 틔울 수 없습니다. 바람이 강하게 움직이다 날개에 부딪쳐주면 더 빨리 팽그르르 돌아 날아가며 몸을 옮겨보지만 그래 봐야 몇 걸음입니다. 하지만 그 몇 걸음의 거리가 저들에게는 간절한 소망의 거리입니다.

    오늘도 수컷이 오기 전 암컷이 먼저 둥지를 나서 첫 번째 먹이를 가져옵니다.

↑ 은단풍 열매가 이제 누렇게 익어갑니다.

첫 번째 먹이를 가져오는 시간이 5시 45분쯤이며, 아주 맑은 날이나 무척 흐린 날이나 그 시간이 거의 변하지 않는 것을 보면 동고비의 경우 주변의 밝기를 기준으로 먹이를 구하는 시간을 정하는 것 같아 보이지는 않습니다. 수컷은 5시 57분 오늘의 첫 번째 먹이를 가지고 둥지에 나타납니다. 하루의 첫 번째 배설물은 첫 번째 먹이를 나른 지 30분에서 45분 사이에 보일 때가 많으며, 4번 이어서 보일 때가 대부분이고 그 이후로는 약 1시간 정도의 간격으로 배설물이 발생합니다.

하늘이 점점 흐려져 해가 정확히 어디에 있는지도 구분하기 어렵지만 비가 오는 것은 아니어서 암컷과 수컷은 먹이를 나르고 또 배설물을 치우느라 정신이 없습니다. 비는 오지 않으려나 봅니다. 11시 즈음이 되니 여기에 있노라고 해가 자기의 위치를 알려줍니다. 바람은 더 거칠어집니다. 이제 숲에는 분주한 바람으로 덩달아 바쁘게 흔들리는 나무와 모진 바람을 뚫고 지나려 더 세찬 날갯짓을 하는 동고비만이 눈에 도드라집니다.

　3시가 가까워지며 바람이 잦아듭니다. 은단풍 열매가 누렇게 익었습니다. 재미있는 점이 있습니다. 열매가 익자 다람쥐는 더 이상 은단풍을 찾지 않습니다. 대신 청설모가 단골손님이 됩니다. 같은 은단풍 열매를 두고 덜 익었을 때는 다람쥐가 와서 먹고, 완전히 익었을 때에는 청설모가 와서 먹고 있습니다.

　자연의 생명들은 피할 수 없는 상황이 아니라면 일부러 경쟁 구도를 만들지는 않습니다. 피할 수 있다면 피한다는 뜻입니다. 현재 우리가 보는 것은 상상할 수 없을 정도의 오랜 시간을 통해 일어난 자연선택의 안정된 결과이기에 더욱 그렇습니다. 서로 경쟁을 피하는 방법은 다양하지만 가장 쉽게 선택하는 것은 서식지를 서로 달리하거나 서식지를 공유해야 할 경우 먹이를 서로 달리하는 것입니다. 새의 경우에도 깊은 산과 계곡에 기대어 사는 새가 있고, 강가에 사는 새가 있으며, 들에 사는 새가 있고, 바닷가에 사는 새가 있습니다. 같은 숲에 사는 새들도 종에 따라 구

→ 은단풍 열매가 익자 다람쥐는 은단풍을 떠나고 **청설모**가 드나들며 먹이로 삼습니다.

하는 먹이가 서로 다릅니다. 벌레를 잡아먹는 새가 있고, 꽃과 꿀과 달콤한 열매를 먹는 새가 있고, 씨앗을 주로 먹는 새가 있습니다. 또한 벌레를 잡아먹는 새라 해도 그 대상이 종마다 다르며, 열매를 먹는다 해도 그 대상이 종에 따라 다르고, 씨앗을 먹는다 해도 종에 따라 그 종류가 다릅니다. 그러니 실제로 문제가 되는 것은 같은 종 사이의 경쟁입니다.

산뽕나무 한 그루가 숲의 많은 생명을 건사하고 있습니다. 은단풍을 떠난 다람쥐는 이제 산뽕나무로 출근을 하며 그 열매인 오디를 즐기고 있습니다. 오디는 상실(桑實)이라고도 하며 처음에는 녹색이다가 검은빛을 띤 자주색으로 변하며 익습니다. 즙도 풍부하고 새콤달콤한 맛에 신선한 향기까지 있어 간식거리 정도의 혜택은 보려나 했는데 다람쥐가 먼저 차지한 데다 오늘은 어치와 곤줄박이에 이어 찌르레기까지 자기 몫을 챙기려 하니 나는 미련 없이 물러서야겠습니다. 사실 제대로 익

① 다람쥐

② 직박구리

↑ 홀로 서 있는 산뽕나무 한 그루가 많은 생명을 불러 모읍니다.

은 오디는 부지런한 친구들이 먼저 훑어가서 거의 남아 있지 않기도 합니다.

일반적으로 오디는 성체의 새들뿐만 아니라 둥지의 어린 새들을 위한 좋은 먹이가 됩니다. 그리고 동고비의 둥지에서 산뽕나무는 얼마 떨어져 있지 않습니다. 그런데도 동고비가 오디를 따 먹거나 먹이로 가져오지 않는 것을 보면 동고비는 오디를 좋아하지 않나 봅니다. 지금까지는 오로지 애벌레에만 관심을 두더니 오늘은 가끔 성충도 물어오고 있습니다.

4시 반이 지나며 잠들었던 바람이 다시 깨어나 몰아칩니다. 하늘이 맑건 흐리건 바람이 불건 멈추건 동고비에게는 딴 세상 이야기입니다. 먹이를 나르느라 정말 정신이 하나도 없다는 표현 말고는 달리 표현할 말이 없습니다. 5시 16분입니다. 연속해서 4번의 배설물을 처리한 뒤이고 둥지 안에 분명 부모 새는 없는데 둥지에서 어떤 소리가 들립니다. 거친 바람소리 속에서도 또렷하게 들립니다. '삣 삣 삣' 정

③ 어치

④ 찌르레기

↑ 애벌레를 나르는 사이에 성충을
물어오기 시작합니다.

도의 소리로 들리는데 어린 새의 소리가 분명합니다. 지금까지 둥지가 건강하다는 것은 부모 새가 쉴 새 없이 먹이와 배설물을 나르기 위해 드나드는 것을 통해 간접적으로밖에는 알 길이 없었습니다. 그러나 이제 둥지에서 새로운 생명이 탄생하여 무럭무럭 크고 있다는 직접적인 증거로 어린 새의 소리라도 들으니 무척 가슴이 설렙니다. 70일이 지나 듣게 된 반가운 소리입니다.

지친 날갯짓

5월 중순의 첫날이며, 둥지에서 새 생명이 탄생한 지 14일째 되는 날입니다. 바람이 티끌 하나까지도 모두 쓸어간 듯 하늘은 구름 한 점 없이 맑고 깨끗합니다. 아침 기온도 알맞게 선선해서 싱싱한 녹색 잎사귀가 아니라면 지금이 가을의 한가운데라 해도 믿을 정도입니다. 이른 시간부터 파랑새가 우짖는 소리로 요란합니다. 속히 둥지를 찾거나 아니면 빼앗아야 할 터인데 마땅치 않은 모양입니다.

내가 이토록 새의 번식 과정에 한없이 빠져들고 있는 것은 그 과정을 들여다보며 배우고 싶은 것과 배워야 하는 것이 있기 때문입니다. 어떤 일을 하는 데 있어 더 이상 진지해질 수 없을 것 같은 진지함으로 최선을 다하는 모습을 배우고 싶습니다. 무엇을 할 때 간절히 구하는 마음으로 하는 것도 배우고 싶습니다. 그리고 애가 끊어질 만큼의 절실함으로 몸과 마음을 던지는 자세까지 배우고 싶습니다. 마지막으로 반드시 배워야 하는 것이 있습니다. 나는 제대로 하지 못하기 때문에 더욱 배워야 하는 것이기도 합니다. 저들의 온전한 자식 사랑입니다. 그러니 새에 대한 나의 마음은 일종의 동경이라고 할 수 있습니다. 물론 새만 온 정성을 다해 새끼를 키우는 것은 아닐 것입니다. 그러나 다른 생명체보다 먼저 새와 인연이 닿았습니다. 그리고 새의 경우 그 번식 일정이 대개 2달 정도입니다. 그 정도의 시간에 이 많은 것을 배울 수 있는 대상을 나는 아직 찾지 못했습니다.

오늘로 동고비를 만난 지 72일째가 되었습니다. 벌써 번식 일정이 다 끝났어야 하지만 동고비의 경우 둥지를 짓는 데 너무 많은 시간이 걸려 아직 어린 새의 얼굴조차 보지 못하고 있으며, 어제야 비로소 어린 새의 소리만 확인할 수 있었습니다.

벌써 해보셨을지 모르겠지만 간단한 계산을 하나 해보겠습니다. 동고비의 둥지에서 새 생명이 탄생하고 수컷 혼자 먹이를 나른 사흘 동안 수컷이 하루에 가져오는 먹이는 210번 정도였습니다. 사흘이 지나자 암수가 같이 먹이를 나르게 되었지만 먹이를 나르는 횟수 자체는 생각보다 많이 늘어나지 않은 220번 정도였습니다. 횟수는 더 늘릴 수 없어 한 번에 가져오는 먹이의 양을 늘리고 있었던 것입니다. 한 번에 나르는 먹이의 양은 계속 늘어나고 있지만 그 횟수로는 쑥쑥 크고 있을 어린 새를 감당하기 어려웠던지 지난 며칠은 하루에 먹이를 나르는 횟수가 230번에서 245번 사이였습니다. 계산을 쉽게 하기 위해서 하루에 암수가 먹이를 나르는 횟수를 240번이라고 하겠습니다. 먹이는 하루에 12시간 정도에 걸쳐 나릅니다. 1시간에 암수 합하여 20번 정도 먹이를 나르는 셈이 됩니다. 먹이를 나르는 횟수에서 암수가 약간의 차이는 있지만 같다고 가정하면 각자 1시간에 10번 먹이를 나르는 꼴입니다. 6분에 한 번입니다. 한 번에 한 마리의 애벌레를 가져오는 게 아니라 며칠 전부터는 평균 3마리 정도의 애벌레를 잡아 오고 있습니다. 결국 먹이를 주고 둥지를

↑ 동고비가 많이 지쳤는지 입을 자주 벌립니다.

떠나서 3마리의 애벌레를 잡고 다시 둥지로 와서 먹이를 전해주고 나가는 일을 6분마다 하고 있다는 계산이 나옵니다. 그 와중에 배설물이 생기면 그때그때 처리해야 합니다. 미루는 법이 없기 때문입니다. 먹이를 구하러 나섰다 돌아오기까지의 동선을 정확히 가늠하기는 힘들지만 200미터 정도는 되지 않나 싶습니다. 그렇다면 암수 각각 하루에 24킬로미터를 비행해야 합니다. 숨이 막힐 노릇입니다. 지치지 않을 수가 없습니다.

오늘처럼 햇살을 가릴 것이 하나도 없는 날이라면 한낮의 기온으로는 봄이 아닙니다. 나는 더러 상수리나무의 잎 그늘에 숨어들 수 있지만 동고비는 그러지도 못합니다. 번식 일정 중에 새들이 너무 지쳐 호흡까지 거칠어질 정도가 되면 공통적으로 보이는 모습이 있습니다. 입을 벌리는 행동입니다. 동고비가 오늘은 자주 부리를 벌리고 있습니다.

이제 먹이를 제공하는 간격을 더 짧게 하는 것은 불가능해 보일 정도로 한계에 이르렀습니다. 한 번에 나르는 먹이의 양을 늘리는 것도 더 이상은 어려워 보입니다. 그럼에도 어린 새들은 여전히 먹이를 보챈다는 것이 문제입니다. 암컷과 수컷이 줄일 수 있는 시간을 더 줄여봅니다. 둥지에 드나드는 시간 특히 둥지에서 나오는 시간을 줄입니다. 앞서 '새로운 둥지의 모습'에서 말한 적이 있지만 밖에서 안으로 들어갈 경우 둥지의 입구는 아래로 향하는 좁은 통로의 구조입니다. 머리가 들어가고 이어 몸통이 들어간 다음 마지막으로 발이 들어가지만 둥지의 바닥이 낮으므로 큰 문제는 없습니다. 그러나 안에서 밖으로 나올 때는 상황이 다릅니다. 실제로 자세가 여간 불편해 보이는 것이 아닙니다. 통로가 위쪽에 위치하고 있는 것이 구조적인 원인입니다. 발은 바닥이나 벽을 붙든 채 아래쪽에서 위쪽으로 향한 좁은 통로를 따라 그대로 통과하면 먼저 머리가 나오고 이어 몸통이 나와야 하는데 이때 문제가 생깁니다. 아직 다리가 빠져나오지 못하여 어디를 짚을 수 있는 형편이 되

← 둥지의 구조로 인해 둥지를 빠져나올 때 무척 신중해야 하는데, 이제 그 시간마저 줄여야 하는 형편입니다. 거침없이 몸을 던지듯 빠져나옵니다.

지 못하기 때문입니다. 따라서 항상 둥지를 나올 때는 가슴을 앞으로 내밀고 머리는 뒤로 젖히는 자세로 나오다 마지막으로 다리를 빼내며 다시 뚝 떨어지듯 빠져나오게 되어 매우 신중해야 합니다. 그러나 이제는 둥지를 신중하게 빠져나올 겨를조차 없습니다. 마치 점프를 하는 것처럼 몸을 휙휙 던지며 나와 날아갑니다.

급하게 나오다 발을 헛디뎌 떨어지기도 하지만 날개가 있어 다행입니다. 너무 서둘러 들어가려다 입구의 통로나 벽에 부딪치기도 하는데 머리를 쓰다듬을 틈도 없어 보입니다. 숨이 벅차고 힘들어 부리를 자주 벌리다 보니 가져온 먹이를 떨어뜨리기도 합니다. 먹이를 떨어뜨리면 쏜살같이 날아가 다시 찾아왔었는데 그리 할 기력도 없는지 포기를 합니다. 먹이를 가지고 들어갈 때와 나올 때 입구에서 잠시라도 주위를 둘러보며 경계를 늦추지 않았는데 이제 다른 곳으로 눈을 돌릴 짬조차 없습니다. 결정적인 위협이 아니라면 다른 새들이 둥지 주변으로 접근하는 것도 거의 신경을 쓰지 못합니다. 둥지를 드나들다 마주치면 서로 몸을 흔들어 인사를 나누던 여유가 있었으나 이제 그마저도 생략합니다. 한쪽은 먹이를 주고 나가고 한쪽은 먹이를 가져오는 비행 중에 서로 근접하면 속도를 조금 줄이고 나비처럼 날개를 팔랑거리며 인사를 나누기도 했는데 지금은 그대로 날아다니기 바쁩니다. 충분히 그럴 만하고 그럴 때도 되었지만 오늘은 특히 암컷과 수컷 모두 날갯짓이 지치고 힘겨워 보입니다.

동고비에게 엄청 쪼이면서도 은단풍의 열매를 열심히 물어 나르더니 다람쥐 또한 어디선가 새끼를 잘 키우고 있나 봅니다. 오늘은 아기 다람쥐 하나가 어미를 따라나섰습니다. 아마 한배에서 난 형제들 중 가장 호기심이 많은 녀석일 것입니다. 어미 다람쥐는 이미 입에 담은 것만으로도 볼이 터질 것 같아 보이지만 그래도 더 먹을 것을 구해야 하는 모양인데, 철없는 아기 다람쥐는 바쁜 어미의 길을 막아서며 놀아달라고 보챕니다. 아기 다람쥐가 하고 싶다고 보채는 놀이도 참 다람쥐답습니

↑ 어미 **다람쥐**와 아기 다람쥐가 대문놀이를 하고 있습니다.

↑ 이제 먹이를 나르는 것 말고는 어떠한 것도 할 수 없는 처지입니다. 깃털을 다듬을 시간이 없어 몰골이 초췌하기 이를 데 없습니다.

– 드디어 어린 동고비의 노란 부리가 보이기 시작합니다.

↓ 어미 새가 지친 날개를 다시 활짝 펴며 어두움을 뚫고 먹이를 구하러 나서고 있습니다.

다. 혼자 지나가기도 빠듯한 가느다란 가지에 앉아 있는 어미 몸을 지나다니는 변형된 대문놀이를 하자고 합니다. 할 수 없이 어미는 다리를 들어 지나가도록 해줍니다. 재미를 붙인 아기 다람쥐가 이제는 방향을 바꿔 다시 또 하자고 하지만 어미는 시간이 없는 듯 '이제 그만' 하고는 산뽕나무로 급하게 이동합니다.

먹이를 주는 과정에 변화가 생깁니다. 먹이를 가지고 둥지 안으로 들어가지 않고 밖에서 입구의 통로로 고개를 넣어 먹이를 주기 시작합니다. 어린 새의 모습은 보이지 않지만 안에서 스스로 먹이를 받아먹을 정도로 컸다는 것을 의미합니다. 이후로는 거의 모든 먹이를 밖에서 주고 있습니다. 어린 새가 입구 쪽으로 오지 않으면 잠시 기다리기도 하며 배설물만 안으로 들어가서 물고 나옵니다. 수컷은 이제 깃털 다듬는 일은 포기한 듯합니다. 몰골이 초췌한 것이 안타깝기 그지없습니다.

쉬지 않고 달려온 해가 남서쪽 언저리에 있을 시간입니다. 동고비 둥지는 서쪽을 향하여 있기 때문에 지는 햇살이 둥지 입구에 닿기 시작하는 시간입니다. 둥지가 가장 환하게 드러나는 시간이지만 입구 앞에 부모 새가 있으면 둥지는 다시 그늘이 지는 시간이기도 합니다. 아…… 어린 새의 노란색 부리가 슬쩍 보입니다. 색은 옅어도 진짜 황금보다 더 귀한 노란색입니다.

주변은 이미 어두워져 어미 새는 둥지 밖에서 먹이를 주고 바로 떠나려 하는데 어린 새는 아직도 양이 덜 찬 모양입니다. 먹이를 더 달라고 보채며 부리를 한껏 벌립니다. 나의 눈에는 어린 새의 모습이 다 보이지 않아도 어미 새와 어린 새는 통로를 통해 서로 얼굴을 마주할 것입니다. 어미 새는 지친 날개를 다시 활짝 펴며 어두움 속으로 먹이를 구하러 나섭니다.

착한 어린 새

5월 중순의 셋째 날로, 둥지에서 새 생명이 탄생한 지 16일째 되는 날입니다. 지난밤, 늦은 시간부터 비가 오기 시작했는데 날이 바뀌어 밝아도 비는 그치지 않고 있습니다. 7시 반 즈음부터 가늘어지기 시작한 빗줄기는 9시가 되자 완전히 그쳤고, 바로 따가운 햇살이 비칩니다. 나무는 꼼짝도 못하고 밤새도록 비에 젖었을 텐데 햇살이 비치자 잎들은 금세 뽀드득거리고, 껍질이 마르는 데에도 생각보다 그리 오랜 시간이 걸리지 않습니다.

5월 중순에 들어서니 둥지를 떠난 어린 새들의 모습이 눈에 띄기 시작합니다. 이틀 전부터는 어린 쇠박새들이 주변에서 가끔씩 보이더니 오늘은 2마리가 동고비의 둥지에서 멀지 않은 아래쪽 가지에 내려앉았습니다. 동고비는 먹이를 나르기에

↑ 주위에서 둥지를 떠난 어린 새들의 모습이 눈에 띕니다. 어린 **오목눈이**와 **쇠박새**가 은단풍을 잠시 찾아주었습니다.

벅차 이제 어린 새 정도는 거들떠보지도 않습니다. 어린 오목눈이도 보입니다. 동고비의 둥지 아래 수풀에서 자란 어린 새인지는 알 수 없으나 왜 그런지 모르게 친근함이 느껴집니다. 아직 어린 새의 모습을 다 벗지는 못했지만 그래도 의젓해 보입니다.

요즈음 청설모는 아예 은단풍에 와서 살고 있습니다. 이미 때가 차서 대부분 떨어지기도 했지만 동고비가 둥지를 튼 나무는 워낙 나무의 기세가 약하여 열매가 많지 않습니다. 청설모는 이제 동고비의 나무와 몇 걸음 떨어져 나란히 서 있는 다른 두 젊은 은단풍에서 주로 먹이 활동을 합니다. 가지를 이동할 때 가끔씩 몸을 날려 옮기기도 하여 가슴을 철렁이게 하지만 거의 실수가 없으며, 혹 가지를 놓쳐 떨어진

↓ **쇠딱따구리**가 어린 새를 위한 먹이로 진딧물을 잡아 부리 가득 채우고 있습니다.

↑ 둥지의 어린 새들은 날로 살쪄가고 있을 텐데 먹이를 나르는 어미 새는 무척 초췌합니다.

다 해도 공중에서 다른 가지를 잽싸게 잘도 잡습니다.

　동고비 암수는 여전히 먹이를 나르고 배설물을 치우느라 정신이 없습니다. 정말 1분이 길게 느껴집니다. 어쩐지 암수가 둥지를 드나드는 것이 수월해 보인다 했는데 생각해보니 그럴 만합니다. 둥지를 하도 드나들어 입구가 닳아 실제로 문지방이 반질반질합니다. 게다가 부모 새는 제대로 먹지 못하여 몹시 수척해져 있습니다. 어린 새들은 점점 살지고 있는 반면 부모 새는 날로 수척해지고 초췌해져 갑니다.

← 어미 새가 둥지 안으로 들어가지 않고 둥지 밖에서 어린 새의 배설물을 받아내기 시작합니다.

    해와 구름이 숨바꼭질을 합니다. 구름이 많이 흐르다 모여 금방 어두워지면 해가 숨고 어느새 구름이 바삐 움직여 사라지면 다시 햇살이 살아납니다. 쇠딱따구리도 어린 새를 키우느라 분주합니다. 동고비의 둥지 아래 수풀에 있는 찔레꽃에서 부리 가득 진딧물을 잡고 있습니다. 진딧물이 워낙 작기는 하지만 부리에 물려 있는 것이 100마리 정도는 될 것 같습니다. 어미 새가 먹이를 여러 개 물어 올 때 어떤 식으로 하는지 궁금했었습니다. 입에 문 것을 잠시 내려놓는 것인지 아니면 입에 문채로 또 잡는 것인지 말입니다. 쇠딱따구리를 보니 부리에 이미 있는 것을 내려놓지는 않습니다. 먹이를 문 채로 또 잡으려면 어쩔 수 없이 부리를 벌려야 하지만 흘리지 않으면서 잘도 잡습니다. 아무튼 어미 새가 이렇게 열심히 먹이를 모아도 어린 새에게는 한입 거리에 지나지 않을 것이 안쓰러울 뿐입니다.

    어제 해거름에 어린 새의 부리가 슬쩍 보이기에 잔뜩 기대를 하고 있는데 오늘은 정오가 지나도록 부리조차 보이지 않고 있습니다. 하늘 가득 먹구름이 모여들고 서쪽 먼 곳에서 천둥소리가 몇 번 나더니 1시 즈음이 되자 한두 방울씩 빗방울이 떨어지기 시작합니다. 그때입니다. 어미 새가 둥지 밖에서 배설물을 받아냅니다. 둥지 안에 다른 어미 새가 있는 것이 아니므로 어린 새가 스스로 엉덩이를 입구 쪽으로 향해준다는 것을 뜻합니다. 엄마 새와 아빠 새의 숨 가쁜 일정을 알고 그 수고를 조금이라도 덜어주는 착한 어린 새입니다.

  빗줄기는 곧장 여름날 소나기처럼 굵어집니다. 촬영 장비는 간신히 단속했으나 나를 챙길 틈까지는 주지 않고 비가 쏟아집니다. 잠깐 사이에도 옷이 젖어들며 이제는 곧 부서질 것만 같은 몸으로 으슬으슬 한기까지 스며듭니다. 동고비도 굵은 빗줄기는 어쩔 수 없이 피해야 하기에 먹이 공급을 잠시 중단합니다. 이제 바로 머리 위에서 낙뢰가 떨어지고 어마어마한 것이 깨지듯 우르르 쾅쾅 하는 소리가 이어집니다. 이 사나운 날씨를 이미 둥지를 떠나 홀로서기에 들어선 다른 어린 새들은

↑ 이제 열매가 얼마 남지 않은 은단풍도 비에 흠뻑 젖습니다.

↑ 비 때문에 둥지에 오지 못하는 사이 둥지 바닥에 떨어진 어린 새의 배설물을 어미 동고비가 물어 둥지 밖으로 나오고 있습니다.

어찌 감당하고 있는지 모르겠습니다. 빗물이 쉴 새 없이 뺨을 타고 흘러 닦아내야 하지만 그마저도 귀찮아하면서 동고비 둥지에 시선을 고정시킵니다. 정말 이러고 있는 나를 나도 잘 모르겠습니다.

　40분 가까이 쏟아지던 비가 숨을 고르고, 무거움을 덜어낸 먹구름도 엷어지며 하늘이 군데군데 드러나자 어미 동고비가 비에 젖은 모습으로 나타나 먹이를 나르기 시작합니다. 어디서 비를 피하기는 했어도 온전히 피하지는 못한 듯 몸이 젖어 있습니다. 잠시 후 천둥소리가 먼 동쪽으로 멀어져가며 비는 완전히 그치고 아무 일도 없었다는 듯 햇살이 살아나자 어미 동고비가 다시 원래의 속도로 먹이를 나르며 배설물을 처리합니다. 몇 번 먹이를 나르다 둥지 안으로 들어간 어미 동고비가 배설물을 물고 나오는데 배설물에 얇은 나무껍질이 묻어 있습니다. 바로 받은 배설물이 아니라 이미 둥지 바닥에 떨어져 있던 것이라는 증거입니다. 맑은 날이어서 어미 동고비가 쉴 새 없이 드나들 때는 이런 일이 없었는데 비로 둥지를 찾지 못하는 동안 어린 새들이 배설을 참지 못한 것입니다. 잠시라도 어미 동고비의 손길이 닿지 않으면 둥지는 바로 표가 납니다.

오늘은 정말 날씨가 이상합니다. 30분 정도 햇살이 살아나더니 다시 확 어두워지며 억수같이 비가 쏟아집니다. 낮인지 밤인지 헷갈릴 정도입니다. 5시가 넘어서며 날씨의 심술도 잦아들기는 했지만 완전히 진정된 것인지는 모르겠습니다. 이번에도 어미 동고비는 몇 번에 걸쳐 얇은 나무껍질이 묻어 있는 배설물을 물고 나옵니다. 이제는 어린 새의 부리가 자주 보입니다. 많은 비로 여러 번 먹이의 공급이 끊어졌기에 먹이에 대한 간절함이 부리를 더 많이 내미는 것으로 표현되는 모양입니다. 부리를 내미는 정도는 개체마다 조금씩 차이가 있어 보입니다. 배설물도 자주 발생하는데 그중 반 정도는 착한 어린 새들이 부모 새의 수고를 덜어줍니다. 어제의 하루와 오늘의 하루가 같을 수 없는 시기입니다. 몇 시간 사이에도 뭔가 많이 달라진 느낌입니다.

7시쯤 되자 또다시 비가 쏟아집니다. 착한 어린 새가 없었다면 오늘은 조금 화가 날 만한 날씨입니다. 동고비도 나도 말입니다.

어린 새의 모습

5월 15일이며, 둥지에서 새 생명이 탄생한 지 18일째 되는 날입니다. 오늘은 모처럼 만에 아주 날씨가 맑습니다. 이른 아침이 이 정도라면 한낮에는 꽤나 덥겠습니다. 동이 트기는 했어도 아직 주변은 어스레한데 동고비 부모 새는 분주하게 먹이를 잡아 나릅니다. 오늘은 곤충의 애벌레 사이사이로 잡아 오던 성충의 빈도가 확실히 잦아 보입니다. 최근 이 숲의 가족이 된 청설모도 이른 출근을 합니다. 그러고 보면 은단풍도 대단합니다. 동고비가 꽃부터 적잖게 축냈으며, 다람쥐는 많이 거들었고, 바람을 따라 스스로 퍼뜨리고도 아직 그 열매를 남겨 청설모까지 건사하고 있습니다.

숲에는 이어짐의 아름다움이 있습니다. 끝나는가 싶으면 다시 시작하는 것이 있고, 있다가 없어져도 없어진 것처럼 보일 뿐 무엇으로든 결국 다시 있게 됩니다. 동고비가 둥지를 틀 만한 딱따구리의 옛 둥지를 찾으러 산책로에 처음 발을 디뎠을 때 매화가 피어 어서 오시라 했습니다. 매화가 꽃잎을 하나씩 지우니 산수유와 생강나무가 꽃을 피웠고, 산수유와 생강나무가 지기 시작하니 산벚나무가 활짝 웃었습니다. 산벚나무 꽃이 봄바람을 따라 하나둘 꽃잎을 날리기 시작하니 박태기나무와 목련이 꽃망울을 터뜨렸고 이어서 진달래, 개나리, 층층나무가 꽃을 피우고 지웠습니다. 나무들이 순서를 어기지 않고 피고 또 지는 사이, 여리고 키 작은 들꽃 역시 피고 또 지기를 이어갔습니다. 나의 등 뒤로 꿋꿋이 서서 나와 나의 둘레를 그윽한 향기로 채워주던 아까시나무의 꽃이 향기의 창을 닫으시는가 했더니 이제는 찔레꽃이 자기의 차례라 하고 있고, 그다음으로는 배롱나무가 줄을 서서 기다리고 있습니다.

어린 새의 부리가 둥지 밖으로 보이기 시작하고 사흘이 지난 어제까지도 특별히 달라진 것은 없습니다. 금방이라도 얼굴을 내밀어줄 것만 같은데 여전히 부리 끝만 슬쩍 보여주다가 아주 가끔 부리를 활짝 벌린 모습을 보여주는 상태로 사흘이 지났습니다. 하지만 어미 새가 먹이를 주는 방법과 배설물을 처리하는 방법은 확실히 달라졌습니다. 이제 먹이의 열 중 아홉은 둥지 밖에서 통로를 통해 고개만 넣어 어린 새에게 줍니다. 부모 새가 통로 안으로 고개를 넣어 먹이를 주기 때문에 어떤 식으로 먹이를 건네주는지는 보이지 않습니다. 배설물은 먹이를 주고 난 뒤 둥지 입구에서 기다리며 착한 어린 새의 도움을 받을 때가 많기 때문에 부모 새가 배설물을 처리하기 위하여 둥지 안으로 직접 들어가는 일은 눈에 띄게 줄었습니다.

10시 즈음입니다. 어쩌시려고 벌써 햇살이 이리도 따가워지시나 하고 있는데 어린 새가 먹이를 물고 온 어미 새의 부리까지 삼킬 기세로 어미 새를 향해 부리를 쫙 벌리는 모습이 눈에 들어옵니다. 아직은 둥지 안으로 햇살이 직접 닿지 않는 데다 어미 새의 몸으로 가려지기까지 하여 또렷하게 보이지는 않지만 부리는 노랗고

↑ 어미 새가 먹이를 물고 둥지에 접근하자 어린 새가 부리를 쫙 벌리고 먹이를 보채고 있습니다.

목 부분은 듬성듬성 돋아난 깃털 사이로 맨살이 보이며 눈의 테두리도 또렷해 보이지 않는 그야말로 어린 새의 모습입니다.

먹이를 주고받는 과정을 잘 살펴보니 지금은 어린 새가 스스로 먹이를 먹는다고 할 수는 없겠습니다. 먹는 것이 아니라 먹여주는 것인데, 먹여주는 것도 부리 안에 넣어주는 게 아니라 아예 목 안으로까지 깊게 넘겨주는 수준입니다. 그럴 리는 없겠지만 어린 새의 목이 상하지는 않을까 염려스러울 정도입니다.

어린 새의 행동에서 가장 눈에 띄는 것이 하나 있습니다. 부모 새가 10시에서 12시까지 모두 43번의 먹이를 나르는 동안 어린 새의 부리나 얼굴이 보인 것은 35번이었습니다. 4분의 3이 넘는 숫자입니다. 물론 부리나 얼굴이 보이는 정도는 개체마다 조금 차이가 있었지만 무시할 수 있는 정도라고 본다면 둥지의 어린 새들은 생장 수준이 거의 비슷하다는 추정을 할 수 있습니다. 그리고 아직 확실하지 않지만 어린 새 하나가 연달아 여러 번 먹이를 받아먹는 일은 없어 보입니다. 부리나 얼굴을 내밀고 있다가 먹이를 받아먹으면 그 어린 새는 바로 내려가고 잠시 후에 또다시 부리나 얼굴을 내미는 어린 새가 나타나는데, 적어도 방금 먹이를 받은 어린 새로는 보이지 않습니다. 그렇지 않다면 먹이를 받고 꼬박꼬박 내려갔다 다시 올라온다는 것인데 그리 할 이유가 없어 보이기 때문입니다. 동고비 둥지의 경우 어미 새는 물론 더군다나 어린 새는 오르내리는 것이 수월하지 않은 둥지입니다.

오후에는 1시에서 3시 사이, 그리고 4시에서 6시 사이에 같은 방법으로 비교해 보았습니다. 먹이를 나른 전체 횟수 중 어린 새의 부리나 얼굴이 보인 횟수가 오전보다 조금 더 늘어났습니다. 아무래도 동고비 부모 새는 어린 새들의 생육 상태를 거의 비슷하게 조절하거나 관리했을 가능성이 높아 보입니다. 알은 하루에 한 개를 낳았으나 알을 거의 다 또는 완전히 다 낳은 후부터 품기 시작하여 거의 동시에 부화가 일어나게 하고, 부화가 일어난 후에도 어린 새들에게 역시 골고루 먹이를 전해 주었다면 실제로 가능한 일입니다.

올해는 정말 풍년이 들려나 봅니다. 오늘도 소쩍새는 '솟적다 솟적다' 하며 웁니다.

엄마 새가 없는 밤의 둥지

5월 17일입니다. 둥지에서 새 생명이 탄생한 것으로는 20일째이며, 동고비를 만난 것으로는 78일째 되는 날입니다. 근래 들어 비가 잦습니다. 어제도 천둥과 번개가 요란스런 가운데 비가 많이 왔습니다. 새벽녘까지 비가 이어졌는지 아직 잎마다 빗방울이 맺혀 있습니다. 혼자만 다니던 붉은배새매가 짝을 찾은 모양입니다. 나이 든 아까시나무 빈 가지에 2마리가 날아들었는데 입까지 막고 한 작은 기침 소리 몇 번에 바로 날아가 버립니다. 동쪽 숲에서 딱따구리가 나무를 두드리는 소리가 울려 퍼집니다. 공명이 큰 소리가 아니라 둔탁한 소리가 나는 것을 보니 살아 있는 나무를 쪼고 있나 봅니다.

어린 새로 보이는 동고비가 먹이를 받아먹을 때 얼굴을 더러 드러내기 시작한 지 사흘이 지났습니다. 아직 어린 새가 스스로 고개를 내민 적은 없지만 하루가 다르게 크고 있습니다.

8시 43분. 드디어 어린 새 혼자 둥지 밖으로 얼굴을 내밀고 어미 새가 오기를 기다리기 시작합니다. 예상도 했고 마음의 준비도 하고 있었지만 하룻밤 사이에 이렇게 달라질 수 있나 싶습니다. 어린 새는 다 큰 모습의 얼굴을 보여줍니다. 부리에 퍼져 있는 노란색이 아니라면 어미 새와 구분하기도 쉽지 않습니다. 눈동자도 또랑또랑한 데다 얼굴을 내밀고 있다가 다시 넣고 또다시 내미는 동작도 엄청 빠릅니다.

대부분 머리 위쪽의 깃털이 머리에 착 달라붙어 있지만 먹이가 조금 늦어진다 싶으면 깃털을 바짝 세워 화난 모습을 하기도 합니다. 또한 뺨 부분을 더러 불룩하

↓ 이제 어린 새 스스로 고개를 내밀고 먹이를 기다리기 시작합니다.

↑ 어린 새는 먹이가 조금 늦어지면 화가 난 듯 깃털을 세우고 얼굴을 부풀리기도 합니다.

게 만들기도 해서 같은 개체인데도 훨씬 크게 보일 때도 있습니다. 78일을 기다려 만난 모습입니다. 이제 스스로 얼굴을 내밀고 어미 새를 기다리는 모습이 너무나 귀엽고 사랑스러운데 며칠이나 더 만날 수 있을지 모르겠습니다. 분명한 것은 그 시간이 그리 길지 않을 것이라는 사실입니다.

이제 어미 새가 먹이를 주러 둥지 안으로 들어가는 일은 거의 없으며, 어미 새가 나르는 먹이는 입구로 얼굴을 내밀고 기다리던 어린 새가 차지하게 됩니다. 그런데 동고비의 둥지는 다른 새들의 둥지와 다른 점이 있습니다. 어린 새 여럿이 동시에 둥지 밖으로 고개를 내미는 것이 구조적으로 불가능합니다. 위가 열려 있는 사발 모양으로 생긴 둥지의 경우 어미 새가 먹이를 가져오면 둥지에 있는 거의 모든

↑ 동고비의 둥지는 한 번에 한 마리의 어린 새만 먹이를 받아먹을 수 있는 특별한 구조입니다. 어떠한 형태로든 먹이를 받아먹는 순서에 대한 규칙이 필요합니다.

새들이 입을 벌립니다. 하지만 동고비 둥지의 경우, 입구로 이어지는 통로가 좁기 때문에 어린 새는 한 번에 한 마리만 고개를 내밀 수 있습니다. 만약 생장이 월등히 빠른 어린 새가 있다면 먹이는 대부분 그 새가 차지할 것이며, 그만큼 어린 새들의 생장 차이는 점점 벌어지게 됩니다. 그런 일들이 새의 둥지에서 실제로 일어나기도 하지만 동고비의 경우는 그래 보이지 않습니다. 어린 새가 먹이를 받아먹는 데 순서가 있어 보이기 때문입니다. 고개를 내밀고 있다가 먹이를 받아먹은 어린 새는 둥지 아래로 내려갑니다. 그리고 이어서 바로 어린 새가 고개를 또 내미는데 방금 전과 같은 개체로는 보이지 않습니다. 어린 새가 아무리 비슷해도 검은색 눈선의 두께와 길이 그리고 눈선 위로 이어지는 흰색 눈썹선의 분포 등을 포함하여 모습이

↑ 먹이를 주고 배설물을 기다리는 어미 새는 먹이를 더 달라고 보채는 어린 새로부터 몸을 돌려버립니다.

조금씩은 차이가 있기 때문에 구분할 수 있습니다. 어미 새가 먹이를 줄 때도 입구에 고개를 내밀고 있는 어린 새에게 먹이를 주지 않고 밀치고 들어가 둥지 안에 있는 다른 새에게 먹이를 줄 때가 있습니다. 이는 아마도 고개를 내밀고 있던 어린 새가 순서를 어긴 경우일 것으로 보입니다. 물총새의 둥지 내부에 동영상 카메라를 설치하여 어린 새들이 먹이를 받아먹는 과정을 확인한 이야기를 들은 적이 있습니다. 어린 새들이 둥지 입구에 줄을 서서 늘어서 있다 한 번 먹이를 받아먹은 어린 새는 줄의 맨 뒤로 가서 다시 순서를 기다린다고 들었습니다. 동고비도 다르지 않을 것 같습니다.

어미 새가 어린 새에게 먹이를 주고 난 다음에는 기본적으로 배설물을 기다리

↑ 먹이를 주고 다시 배설물을 받아낸 어미 새가 둥지 앞에서 잠시 숨을 고르고 있습니다. 초췌함을 지니 지지분하기까지 한 모습이 안쓰러울 뿐입니다.

게 됩니다. 이때 짧은 시간이지만 어미 새는 둥지 안을 살피지 않고 둥지에서 등을 돌리는 경우가 많습니다. 이제 경계를 하는 데 암수의 구분이 없고, 어린 새가 고개를 내밀기 시작했으니 경계의 수위를 더 높여 주위를 잘 살펴야 하는 것을 이유로 꼽을 수 있습니다. 게다가 먹이를 더 달라고 보채는 어린 새를 차마 보지 못하는 것도 이유이지 않을까 싶습니다. 먹이를 주고 방향을 바꿔 잠시 고개를 돌리고 있으면 먹이를 보채던 어린 새가 바로 포기하고 내려가기 때문입니다. 어린 새가 둥지 안으로 들어가면 어미 새는 다시 입구로 몸을 돌려 둥지 내부를 살피게 되고, 그 순간 배설의 때가 찬 어린 새가 입구 쪽으로 엉덩이를 향해 배설을 하면 어미 새는 밖에서 집어내 날아갑니다.

어미 새가 어린 새에게 먹이를 전해주고 또 배설물을 받아내는 모습을 보면 가슴이 짠합니다. 부모 새의 모습이 정말 초췌합니다. 새들은 시간이 나는 대로 날개를 손질하는데 당연히 지금은 그럴 틈이 없습니다. 최근에는 비도 많이 왔으니 계곡에서 잠시 목욕을 하고 몸을 흔들어 물기를 털어낸 다음 깃털을 다듬으면 금방 깔끔해질 텐데 그 짧은 시간조차 낼 수 없는 처지입니다.

어린 새의 몸집이 커지며 배설물의 크기도 커졌습니다. 그런데 배설물이 쉽게 터질 듯 조금 불안해 보입니다. 배설물의 양이 증가하고 있으니 그를 둘러싸는 막은 훨씬 더 커져야 하는데 막도 그냥 만들어지는 것이 아니라 에너지를 소모해야 하는 것이며 배설물을 둘러싸는 막은 둥지를 떠나면 필요 없는 장치입니다. 이제 서서히 막을 만드는 데 필요한 대사 과정을 줄이기 시작할 것이며, 실제로 막을 만드는 데 쓰일 에너지마저 어린 새의 생장으로 돌려야 할 때이기도 합니다. 부모 새가 무척 신경을 쓰며 배설물을 처리합니다. 곧 터질 것 같은 배설물은 고개를 위로 들지 않고 아래로 숙인 채 몸을 돌려 물고 나갈 때가 많습니다. 그러다가도 입구에서 배설물이 끊어지는 경우도 있는데, 그럴 때면 공중에서 따라 내려가 잡기도 합니다. 둥지를 짓다 떨어뜨린 진흙을 잡을 때나 부화 초기에 둥지 입구에서 떨어뜨린 먹이를 공중에서 잡던 것과 같습니다. 그러나 지금은 부모 새가 많이 지쳐 있어 먹이를 떨어뜨려도 포기를 하는 시기입니다. 하지만 배설물이 둥지 근처에 떨어지는 것마저 그대로 지나칠 수는 없는 모양입니다. 둥지의 안전을 지키기 위한 부모 새의 행동은 정말 대단합니다.

해가 서쪽으로 기울며 둥지를 똑바로 비출 때 자세히 보니 둥지의 바깥벽 가장자리를 따라 진흙이 더러 떨어져 있는 것이 보입니다. 딱따구리가 원래 파놓은 둥지의 입구 부분과 동고비가 진흙으로 붙여간 이음새 부분입니다. 동고비가 진흙을 붙이며 유난히 신경을 쓰더니 그 부분이 생각대로 취약한 부분이 맞습니다. 그렇다

↑ 해가 기울며 둥지 정면으로 햇살이 닿습니다. 오전에 처음으로 얼굴을 내민 모습보다 훨씬 또랑또랑한 느낌입니다.

고 아직 진흙이 떨어질 정도는 아니지만 어린 새의 모습뿐만 아니라 둥지의 안전으로 볼 때 또한 동고비 가족이 둥지를 떠날 날이 머지않아 보입니다. 해가 동쪽에서 서쪽으로 움직여온 사이에도 어린 새는 많이 큰 느낌입니다.

둥지를 환히 비추던 햇살이 서서히 약해지고 있습니다. 해가 거의 지고 있다는 뜻입니다. 조짐은 있었지만 바람이 심상치 않게 거칠어집니다. 아직 어두워진 것은 아닌데 바람이 사나워지자 어린 새들이 고개를 거의 내밀지 않습니다. 해가 완전히 지자 기온이 뚝 떨어지면서 몸이 떨릴 만큼 추워집니다.

10시가 넘었습니다. 어두움이 완전히 내린 지 3시간 가까이 지났습니다. 바람이 모질어 무척 춥습니다. 이런 때 엄마 새가 둥지에 있어줘야 할 것 같은데 알을 낳기 시작한 이후로 40일이 넘도록 둥지의 밤을 지켜준 엄마 새가 오늘은 오지 않습니다. 이 밤을 꼬박 지새운다 해도 내일 동이 틀 시간이 되기 전까지는 오지 않을 것 같습니다. 어쩌면 내일 밤도 엄마 새는 둥지의 밤을 지켜주지 않을 것입니다. 어린 새들에게 있어 세상에서 둥지보다 더 안전하고 아늑한 곳은 없습니다. 그래서 떠나고 싶지 않겠지만 그래도 이제는 떠나야만 합니다. 때가 찼기 때문입니다. 엄마 새는 잘 알고 있습니다. 둥지에서 춥고 어두운 밤을 홀로 맞으며 견뎌낼 수 있어야 둥지를 박차고 떠날 용기도 가질 수 있다는 것을 말입니다.

동고비 8남매

    5월 중순의 마지막 날입니다. 동고비 한 쌍이 만나 둥지를 짓고, 알을 낳아 품고, 알에서 깨어난 어린 새에게 먹이를 나르는 사이, 어느덧 80일째 날을 맞습니다. 오늘은 이른 아침부터 동쪽 숲 멀지 않은 곳에서 뻐꾸기가 편안한 소리로 노래를 합니다. 하늘이 더없이 맑습니다. 어린 새들의 모습과 고개를 내미는 정도로 미루어볼 때 내일이나 모레 즈음이면 동고비 가족이 둥지를 떠나지 않을까 싶습니다.

    오늘도 여전히 부모 새는 먹이를 나르느라 분주합니다. 어린 새들이 꾸준히 고개를 내밀고 있어 이제 빈 둥지만 보이는 경우는 거의 없습니다. 먹이를 받아먹은 어린 새가 고분고분 내려가지 않고 입구에서 버티는 일이 잦습니다. 먹이를 더 달라고 보채며 입구에서 계속 버티고 있는 통에 부모 새는 아예 어린 새로부터 몸을

↑ 둥지를 나선 어린 새가 다시 둥지로 들어갑니다.

돌린 채 어린 새 스스로 포기하고 내려가 주기를 기다립니다. 배설물은 한 어린 새가 내려가고 다른 어린 새가 고개를 내미는 그 짧은 사이에 대부분 처리합니다.

9시 정각. 어린 새 한 마리가 제자리멀리뛰기의 예비 동작이라도 하듯 고개를 내밀다 넣기를 몇 번 반복하더니 둥지를 쑥 빠져나와 뚝 떨어집니다. 가슴이 철렁 내려앉는 순간이었는데 다행히 나무줄기를 바로 붙들고 매달립니다. 어린 새들이 둥지에서 떨어지는 경우가 더러 있습니다. 지금의 경우도 그런 사고인지 아니면 아직은 일러 보이지만 정말 둥지를 떠나려는 것인지 잘 모르겠습니다. 어떠한 경우이든 어미 새가 이런 모습을 놓칠 리 없습니다. 어린 새가 둥지를 빠져나오자 바로 어미 새가 둥지 위쪽으로 내려앉습니다. 어린 새는 어미 새를 향해 한껏 부리를 벌려 먹이를 채근합니다. 먹이를 건네준 어미 새는 즉시 경계 자세로 바꿔 주위를 살피다 어린 새가 잘 보이는 나뭇가지로 자리를 옮깁니다.

어린 새가 나무를 단단히 잡지 못하고 뒤뚱거리는 사이 또 다른 어린 새가 둥지를 빠져나오려 합니다. 사고가 아니라 벌써 둥지를 떠나는 일이 시작되나 봅니다. 아무리 어려도 동고비는 동고비입니다. 둥지를 나섰던 어린 새가 둥지 입구로 올라온 다음 나무를 잡고 고개를 옆으로 돌리는 동고비 특유의 자세 중 하나를 갖춥니다. 날개만 펴면 날 수 있을 것 같아 보이는데도 도저히 용기가 나지 않는 모양입니다. 멋진 자세를 접고 다시 둥지 안으로 들어갑니다.

너무 뜻밖의 상황이라 정신이 벙벙하고 한참 시간이 지난 것 같은데 어린 새가 둥지에 들어간 시간이 아직도 9시입니다. 1분이 채 지나지 않은 사이에 일어난 일입니다. 이후로 부모 새는 더 민첩한 동작으로 먹이를 나르고 어린 새들은 입구에서 고개를 내민 채 먹이를 받아 스스로 넘기고는 아래로 내려가지 않고 버티면서 또 먹이를 달라며 보챕니다. 이런 모습에 부모 새는 여전히 둥지에서 등을 돌리고 딴청을 하며 기다리다 배설물이 생기면 바로 집어 날아갑니다. 이제 어린 새들은 모두 고개를 내밀고 주변을 두리번거리며 먹이를 기다리는 상태입니다. 그리고 자주 성난 복어처럼 볼을 불룩하게 하며 깃털을 세워 노골적으로 시장기를 드러내기도 합니다. 그러는 가운데 정확히 1시간이 더 흐릅니다.

    10시 정각. 다시 어린 새 하나가 뚝 떨어지듯 둥지를 나섭니다. 좁은 통로를 통해 머리가 나오고 이어 몸통까지 빠져나와도 어디를 붙들 수 있는 다리는 빠져나오지 못한 상태이니 이럴 수밖에 없습니다. 이번에도 가까스로 나무줄기를 잡으나 자세를 바르게 하는 것이 수월치 않습니다. 이러는 사이 둥지에서는 또 다른 어린 새가 고개를 내밀고 나오려 합니다. 먼저 나온 어린 새가 기우뚱거리며 몸을 옮겨 다시 둥지로 접근하자 막 나오려던 어린 새는 형제를 어미로 착각했는지 부리를 벌리며 먹이를 달라고 합니다. 먼저 나온 새는 날개를 펄럭이며 간신히 움직여 둥지 턱을 잡고 다시 둥지로 들어갑니다. 이번에도 둥지를 나섰다 다시 들어가는 데 1분이 채 걸리지 않았습니다. 처음 둥지를 나섰던 새와 지금 둥지를 나선 새가 같은 새인지는 알 수 없고, 2번 모두 미완성으로 끝났지만 어쩌면 이것이 곧 둥지를 떠난다는 신호일 수 있다는 생각이 듭니다. 고맙게도 때마침 동료가 시원한 음료수를 챙겨 들고 나를 찾아주었습니다. 만약 동고비가 둥지를 떠난다면 그 수를 정확히 세는 것도 중요한데 같이 셀 수 있으니 더 고마운 일입니다. 이제 어린 새가 둥지를 나서는 순서에 따라 첫째, 둘째, 셋째…… 그렇게 이름을 붙여야겠습니다.

    10시 18분. 첫째가 또다시 둥지를 나왔다 바로 되짚어 들어갑니다.

    10시 32분. 지금까지 둥지를 나섰던 어린 새가 같은 새라면 세 번의 연습에 이어 첫째가 다시 도전을 합니다. 둥지를 벗어나서 뚝 떨어지듯 불안하게 내려서는 것은 마찬가지이지만 이번에는 곧바로 자세를 바르게 고쳐 잡습니다. 역시 어미 새가 번개처럼 나타나 어린 새 곁으로 다가오는데, 먹이를 주기 전에 어린 새를 향해 날개를 살짝 펴서 흔들어줍니다. 날개를 살짝 펴고 흔들어주는 행동에는 몇 가지

↑ 불안한 모습으로 둥지를 나섰던 첫째가 가까스로 다시 둥지에 들어갑니다.

↑ 첫째가 성공적으로 둥지를 나섰습니다.

→ 어미 새가 둥지를 나선 첫째에게 몸을 흔들어주며 용기를 북돋아줍니다.

의미가 담겨 있지만 지금은 "힘내거라. 너는 할 수 있어. 꼭 해낼 거라 믿는다" 정도의 의미가 아닐까 싶습니다. 그리고 먹이를 전해준 뒤 날아갑니다.

그러는 사이 둘째가 고개를 내밉니다. 첫째가 아쉽게도 카메라가 닿지 않는 둥지의 입구 반대쪽으로 나무를 타고 올라갑니다. 드디어 나뭇가지 사이에서 첫 비상을 위한 자리를 잡는 것으로 보이는데 잎으로 가려 온전히 보이지는 않습니다. 먹이를 부리에 물고 있는 어미 새가 잠시 움직임을 멈추고 첫째의 모습을 잘 볼 수 있는 둥지 왼쪽 가지에 옮겨 앉아 몹시 불안한 눈빛으로 바라보고 있습니다. 적어도 맞은편 상수리나무까지는 날아가야 하는데 가깝고도 먼 길입니다. 어미 새의 눈빛이 바뀝니다. 머뭇거리고 있는 첫째에게 뭔가를 전하고 있는 듯합니다.

"허공을 걸어서 지날 수도 없고 내가 너의 날갯짓까지 대신해줄 수는 없단다. 이제껏 한 번도 펴본 적 없는 날개이기에 네 두려움이 무엇인지도 알아. 하지만 넘어야만 하는 벽이고 너는 반드시 넘을 수 있어. 이제는 무엇이든 홀로 서야 한다. 너 자신과 네 몸에 달린 날개를 굳게 믿어라."

↓ 어미 새가 첫째가 날아가는 궤적을 눈길로 좇고 있습니다.

← 둘째가 둥지를 빠져나와 비상을 위한 자세를 취할 때 셋째가 고개를 내밀고 둥지를 나섭니다.

→ 셋째가 둥지 오른쪽으로 길을 잡아 나무 위로 오를 때 넷째가 둥지를 나서려 합니다.

    첫째가 과감하게 날개를 펼치며 허공으로 몸을 던집니다. 날개를 팔랑거리며 가까스로 날아가는 궤적을 어미 새도 똑같이 따라갑니다. 중간쯤 날아가고 있을 때부터 어미 새는 몸을 가볍게 흔들어주다 맞은편 나무에 안착하자 몸을 더 세게 흔듭니다. "힘내라, 힘"에서 "장하다, 장해"로 바뀌는 듯합니다. 첫째가 둥지를 떠나자 부모 새는 소낙비 퍼붓듯 둥지의 어린 새에게 먹이를 나릅니다.

    10시 41분. 둘째와 셋째가 꼬리를 물고 나옵니다. 둘째는 비교적 안정된 자세로 둥지를 빠져나와 잠시의 머뭇거림도 없이 맞은편 상수리나무로 날아갑니다. 셋째는 둥지를 나서다 뚝 떨어지지만 둥지 입구를 한쪽 다리로 힘껏 붙들어 잡습니다.

셋째가 오른쪽으로 이동해 나무를 타고 올라가는 사이 넷째가 고개를 내밉니다. 셋째는 1미터 가까이 올라가서 역시 서쪽 숲으로 날아갑니다. 넷째가 둥지를 빠져나오자 바로 다섯째가 고개를 내밉니다. 먼저 둥지를 나선 넷째가 몸을 돌려 둥지 쪽으로 이동하자 다섯째는 형제인 것을 모르고 부리를 쫙 벌리며 먹이를 달라고 합니다. 넷째는 마음이 복잡한 모양입니다. 다시 둥지 안으로 들어갑니다. 그런데 다시 생각이 바뀐 모양입니다. 반쯤 넣었던 몸을 빼내 세상을 한번 둘러봅니다. 그래도 용기가 나지 않는 모양입니다. 넷째는 결국 둥지로 다시 들어갑니다. 부모 새가 다시 와 먹이를 몰아서 주고 갑니다.

10시 43분. 넷째가 다시 둥지를 빠져나옵니다. 어미 새가 바로 날아왔으나 먹이는 둥지를 나선 넷째에게 주지 않고 넷째를 피해 이제 막 고개를 내밀려 하는 다섯째에게 줍니다. 이미 둥지를 나선 어린 새보다 이제 둥지를 나서야 하는 어린 새에게

↑ 넷째는 다시 둥지로 들어갑니다.

↑ 다섯째가 왼쪽 줄기를 따라 오르는 중에 배설을 하며 그 사이 여섯째가 둥지를 나섭니다.

먹이를 주는 것이 더 급하다 여긴 것인지 모르겠습니다. 어미 새가 먹이를 주는 사이 넷째는 둥지 맞은편 상수리나무로 날아가고 다섯째가 둥지를 나섭니다. 몸을 왼쪽으로 돌려 위로 올라가고 싶은 모양인데 나무줄기를 제대로 붙들지 못하여 계속 미끄러지면서 날개를 퍼덕거립니다. 이런…… 너무 힘을 쓴 것인지 모르겠습니다. 다섯째가 나무를 오르는 중에 배설을 합니다. 그 사이 여섯째가 고개를 내밉니다.

10시 46분. 다섯째의 모습이 안쓰러웠는지 어미 새가 먹이도 없이 둥지로 날아

↑ 다섯째가 제대로 나무를 오르지 못하고 버둥대자 어미 새가 날아와 곁에서 경계를 서며 주위를 살핍니다.

↑ 여섯째가 둥지를 나섭니다.

듭니다. 막상 오기는 했으나 한쪽은 간신히 나무에 매달려 있고, 한쪽은 막 둥지를 나서려 하는 상황을 두고 어미 새도 어찌해야 할 줄을 모르고 있다 그냥 날아가 버립니다. 그래도 어미 새가 곁에 잠시 있어준 것만으로도 어린 새에게는 꽤 힘이 되었나 봅니다. 다섯째가 다시 힘을 내 위로 올라가 상수리나무가 있는 서쪽 숲을 향해 날개를 폅니다.

    10시 48분. 여섯째는 뚝 떨어지듯 둥지를 벗어나 바로 오른쪽 줄기를 따라 위로 올라가고 이어서 일곱째가 고개를 내밉니다. 일곱째가 둥지를 빠져나오자 어미 새가

↑ 일곱째도 불안한 모습으로 둥지를 나섭니다.

바로 날아와 먹이를 줍니다. 일곱째도 여섯째와 똑같은 길을 따라 위로 올라가 서쪽 상수리나무를 향해 날아갑니다. 일곱째까지 서쪽 숲으로 날아간 것은 10시 49분입니다.

    자료에 의하면 동고비는 7개의 알을 낳는다고 되어 있습니다. 그렇다면 둥지에는 더 이상의 어린 새는 없을 것입니다. 나의 눈앞에서 동고비 어린 새 7마리가 17분 사이에 줄줄이 둥지를 떠났습니다. 저 답답했을 공간에서 7마리나 되는 동고비가 저리도 예쁘고 건강하게 컸다는 것이 믿기지 않습니다. 어미 새 자신은 여위고 파

↑ 여덟째가 둥지를 나섰습니다.

↑ 발을 헛디뎌 떨어지다 간신히
나무줄기를 잡고 매달립니다.

↓ 위로 올라가려 하나 자꾸
미끄러지기만 합니다.

리하고 지저분하기 그지없으면서도 어린 새들만큼은 살지고 너무나 깔끔하게 키운 것이 정말 눈물겹습니다.

　아…… 일곱이 끝이 아닙니다. 어린 새가 또 있습니다. 상수리나무로 옮긴 어린 새들의 움직임은 동료가 보며 이야기로 들려주고 있기도 하거니와 이런저런 생각에 둥지에서 눈을 떼지 않은 것이 다행입니다.

　10시 52분. 다른 어린 새보다 조금 작아 보이는 여덟째가 둥지를 나서며 바로

← 어미 새가 다가와 먹이를 전해줍니다.
→ 어미 새가 여덟째의 발톱에 박혀 있는 나무껍질을 빼내려 하지만 잘 빠지지 않습니다.

엎어집니다. 간신히 둥지 왼쪽으로 몸을 돌려 줄기를 따라 위로 향하다 마음을 바꿔 아래로 내려옵니다. 둥지 바로 밑으로 내려와서는 서서히 고개를 올리며 동고비 특유의 자세도 취해봅니다. 뭔가 마음에 들지 않았는지 또다시 방향을 바꿔 위로

올라가려다 결국 발을 헛디뎌 뚝 떨어지고 맙니다. 날개를 펴 펄럭여보지만 아직 중력을 거스를 힘은 없는지 2미터 정도를 떨어지다 나무줄기를 간신히 붙들고 매달립니다. 위로 올라가려 날개를 퍼덕이며 안간힘을 써보지만 제대로 오르지 못하고 미끄러지기만 하자 어미 새가 혜성처럼 나타나 먹이를 줍니다. 아…… 어미 새가 여덟째의 발에서 뭔가를 빼내려 하여 자세히 보니 여덟째의 발톱 사이에 나무껍질이 끼여 있습니다. 나무껍질은 둥지의 바닥에 깔려 있던 것일 테니 둥지에서 움직

↑ 여덟째가 먹이를 더 보채지만 어미 새는 애써 고개를 돌려 떠나야 합니다. 돌보아야 할 어린 새는 여덟째 말고도 일곱이 더 있기 때문입니다.

이다 그리 된 것 같습니다. 동고비가 나무를 자유자재로 움직일 수 있는 것에는 예리한 발톱이 큰 몫을 해줍니다. 그런데 발톱에 나무껍질이 박혀 제대로 나무를 붙들지 못하니 그렇게 자꾸만 미끄러졌던 모양입니다. 어미 새가 나무껍질을 빼주려

↑ 어미 새가 전해준 먹이를 받아먹고 다시 힘을 내어 자세를 고쳐 잡습니다.

– 떨어진 높이보다 더 높이 올라와 맞은편 나무에 앉아 있는 어미 새의 위치에서 멈춥니다.

↓ 어미 새를 바라보며 먹이를 달라고 부리를 한껏 벌리지만 어미 새가 더 이상 와 주지 않자 여덟째도 어미 새가 있는 나무를 향해 날아갑니다.

하나 잘 빠지지가 않습니다. 완전히 빼지는 못했어도 나무를 붙들기 위한 조치는 취해진 정도인지 어미 새는 다른 어린 새들이 있는 곳으로 날아갑니다. 어린 새는

↑ 둥지에 남아 있는 새는 없는지 어미 새가 둥지 안으로 직접 들어갔다 나오며 확인합니다.

모두 8마리입니다. 여덟째의 형편이 어렵다 하여 여덟째에게만 묶여 있을 수는 없습니다. 다행히 먹이를 먹고 기운을 차린 여덟째가 위쪽을 향해 날아 둥지 오른쪽으로 나무껍질이 다 벗겨진 곳으로 자리를 잡습니다. 그러고는 입을 벌릴 수 있는 만큼 벌려 먹이를 달라고 보채는데 어미 새는 여덟째에게 먹이를 주지 않습니다. 첫째에서 일곱째까지는 지금 모두 맞은편 상수리나무에 있기 때문입니다. 결국 여덟째도 몸을 날려 상수리나무로 갑니다.

여덟째가 막내입니다. 여덟째까지 모두 둥지를 마주보고 있던 상수리나무로 이동하자 어미 새가 둥지 안을 살핍니다. 둥지가 진짜 다 비었는지 둥지 안으로 들어갔다 나오며 확인을 합니다.

드디어 둥지에서 새 생명이 탄생한 이후로 3주가 지나도록 벙어리로 살았던 아빠 새가 "휫휫휫휫, 휘잇, 휘잇, 휘이잇, 휘이잇, 휘이이잇, 휫휫휫휫" 소리를 내며 흩어진 어린 새들을 불러 모으기 시작합니다. 하지만 아빠 새의 소리가 점점 서쪽 숲으로 숨어듭니다. 엄마 새가 진흙을 나르던 계곡도 지나 더 깊은 숲으로 숨어듭니다. 그리고 더 이상 동고비 한 쌍과 그들이 80일에 걸쳐 완성한 동고비 8남매의 모습은 보이지 않았습니다.

다시 만난 동고비

몸이 조금 고되기는 하지만 새의 번식 일정에 끝까지 동행하다 보면 몇 가지 행복함이 따라옵니다. 우선 어미 새가 어린 새를 키우는 과정에서 보여주는 간절함과 최선을 다하는 모습을 만나는 행복함이 있습니다. 그리고 어미 새가 온갖 정성으로 키운 만큼 어린 새들이 그 정성을 그대로 받아 어긋남 없이 커주는 과정을 만나는 행복함도 있습니다. 그러나 한 가지 가슴이 먹먹해지는 일이 있습니다. 새들이 모두 떠난 빈 둥지를 보는 일입니다. 가만히 바라보고 있으면 금방이라도 어미 새가 먹이를 물고 휙 날아들 것만 같습니다. 어린 새 역시 바로 고개를 내밀어 인사를 해 줄 것만 같아 서성이게 됩니다. 그러나 둥지는 여전히 텅 빈 채 아무런 표정이 없습니다.

↑ 동고비 8남매를 키워낸 둥지는 넉 달이 지난 9월 말 즈음 무너졌습니다.

　　동고비 8남매가 둥지를 떠났다 하여 발길을 끊을 수는 없었습니다. 비어 있는 둥지인 것을 알고 또한 아무리 기다려도 오지 않으리란 것도 알지만 나도 모르게 발길이 둥지를 향할 때가 많았습니다. 가을로 들어서며 은단풍의 꼭대기에 있는 잎들은 벌써 붉게 물들기 시작한 9월 말의 어느 맑은 날이었습니다. 동고비가 그토록 열심히 진흙을 날라 붙이고 다져 지은 동고비의 둥지는 입구의 진흙이 떨어져나간 채 무너져 내렸습니다. 하루 전만 해도 멀쩡했던 둥지였습니다.

↑ 일 년이 지나 또 다른 은단풍에 동고비가 둥지를 틀었습니다.

스스로 무너진 것 같아 보이지는 않았고 딱따구리가 무너뜨린 것으로 보였습니다. 그리고 날마다는 아니었지만 어두움이 내릴 무렵이면 진흙이 떨어져나가 이제는 딱따구리의 옛 둥지 모습을 드러내고 있는 둥지에 딱따구리가 잠을 청하러 날아들고는 했습니다. 몹시 추운 겨울이 되기까지 무너진 동고비 둥지를 바라보며 그렇게 시간을 보냈습니다.

　　해가 바뀌어 산책로에 동고비의 계절이 다시 찾아왔습니다. 이미 마음먹고 있던 대로 또다시 동고비를 만나야 했습니다. 동고비는 몸집이 작고 행동이 무척 빠른 새입니다. 게다가 외형만으로는 암수를 구분하기 어렵습니다. 온 힘을 다하여 관찰하였으나 혹 잘못 본 것이 있을 수도 있겠고, 조류가 개체별 일탈 행동을 거의 보이지 않는 생명체이기는 하지만 그 부분도 점검하고 싶었습니다. 그리고 나의 의지대로 만날 수 없는 장면이지만 꼭 보고 싶은 소망의 모습이 하나 있었습니다. 번식 일정에 동행하는 과정이니 짝짓기의 모습을 담고 싶었습니다. 12곳의 딱따구리 옛 둥지 중 이번에는 2곳에서 동고비가 둥지를 짓기 시작했습니다. 한 곳은 7번째 은단풍입니다. 동고비 8남매를 품어낸 바로 그 둥지에 동고비가 다시 둥지를 짓고 있는 것입니다. 또 한 곳은 산책로 끝 부분에 있는 12번째 나무로, 역시 은단풍입니다. 두 나무는 500미터 정도 떨어져 있습니다. 이제는 학생들을 만나야 하기에 하루를 온전히 동고비와 함께할 수는 없지만 시간이 나는 대로 다시 동고비를 만났습니다. 2곳을 오가며 만나는 방법이 있고 둘 중 한 둥지를 선택하여 만날 수도 있었는데 큰 차이가 있는 것은 아니지만 다른 환경에서는 동고비가 어떻게 어린 새를 키우는지 보는 것이 좋을 것 같아 이번에는 12번째 은단풍의 동고비를 만났습니다. 12번째 은단풍의 둥지는 마음속으로 정한 관찰하기 좋은 곳 중 위에서 3번째이니 훨씬 좋은 여건이기도 합니다. 동고비의 하루와 온전히 동행할 수 있었던 작년에 동고비가 이 나무에서 어린 새들을 키웠다면 정말 좋았을 것 같다는 아쉬움이 남습니다. 그러나 나의 의지로 어찌할 수 있는 일이 아닙니다. 또한 아쉬움이야 남으라고 있는 것이기도 할 터이니 지금은 지금의 형편대로 최선을 다하기로 합니다.

12번째 은단풍에 있는 딱따구리의 옛 둥지는 입구의 모양과 크기 그리고 둥지의 높이로 볼 때 청딱따구리의 둥지였을 가능성이 무척 높습니다. 나무의 입지는 7번째 은단풍과 거의 비슷합니다. 남북 방향으로 곧게 뻗은 산책로에서 남쪽을 등지고 북쪽을 바라보고 있을 때 나무는 산책로 오른쪽 가장자리에 서 있습니다. 나무의 동쪽으로는 높은 산이 있으며 숲의 경사가 무척 심한 편입니다. 둥지의 입구는 서쪽을 향하고 있습니다. 따라서 오전에는 둥지 안으로 햇살이 직접 닿지 않지만 해가 서쪽으로 기울기 시작하여 질 때까지는 햇살이 둥지 안까지 들어옵니다. 동고비가 둥지를 나서 똑바로 날아가면 산책로의 길을 건너 서쪽 숲으로 향하게 되는데, 아주 가까운 곳에 계곡이 있습니다. 계곡은 경사가 상당히 급한 편이고 주변으로 바위가 많아 진흙을 구하기로는 7번째 은단풍보다 여건이 좋지 못합니다.

동고비를 다시 만나는 내내 들었던 생각은 몇 가지의 아주 작은 차이를 빼놓고는 어쩌면 저렇게 똑같을 수 있을까 하는 것이었습니다. 둥지를 짓는 동안 동고비는 철저히 역할 분담을 했습니다. 암컷은 진흙을 날라 딱따구리의 옛 둥지에 붙이고 부리로 다지며 둥지를 짓는 일만 했고, 수컷은 둥지가 잘 보이는 둥지의 맞은편 나무 또는 둥지 위 가지 그리고 둥지 입구를 오가면서 나뭇가지에 앉아 끊임없이 소리를 내며 경계를 서주었습니다.

차이점은 모두 둥지를 짓는 초기 과정에서 나타났습니다. 작년에는 둥지를 짓는 동안 수컷이 둥지 안으로 들어간 적이 없었는데 이번에는 수컷이 아주 가끔 둥지 안으로 들어갔다 나오는 것을 확인할 수 있었습니다. 그러나 둥지 안으로 들어갔다 나오는 그 짧은 시간에도 암컷이 오면 즉시 둥지를 떠나 경계를 서는 위치로 돌아갔으며, 둥지 입구가 거의 좁혀질 무렵부터는 이런 모습이 보이지 않았습니다. 또한 수컷이 둥지 입구에서 경계를 서다가 잘 다듬어지지 않고 뾰쪽 튀어나온 진흙 부분이 있으면 얼른 떼어내 도망치듯 날아가는 모습과 풀뿌리가 진흙과 함께 잘 다져지지 않고 치렁치렁 매달려 있으면 훔치듯 빼내가는 모습을 하루에 두어 번 정도 확인할 수 있었습니다. 그러나 역시 입구가 좁혀지면서 수컷이 둥지에 부리를 대는 일은 없었습니다.

둥지 짓기가 진행되는 동안 진흙을 나르는 사이사이로 나뭇조각을 날라 둥지의 바닥 높이를 조절하는 것도 같았습니다. 그러나 그 양은 작년에 비하여 상당히 적었습니다. 둥지가 깊지 않은 모양입니다. 그러니 동고비가 깊이까지 알맞은 둥지를 찾았다면 나뭇조각은 아예 가져오지 않을 수 있겠다는 생각도 들었습니다. 바닥의 높이가 적절해진 뒤에는 얇은 나무껍질을 가져다 깔아 둥지 바닥을 폭신하게 만들었습니다. 나무껍질은 주로 소나무에서 가져왔습니다. 둥지가 거의 완성되어 입구의 통로가 좁아질 즈음이 되자 암컷의 등에는 항상 진흙이 묻어 있었고 진흙을 다지고 또 다지느라 부리는 뭉뚝해져 있었습니다. 작년과 둥지를 짓는 방법은 같지만 솜씨는 조금 다릅니다. 약간의 차이가 큰 변화를 일으킵니다. 아주 작은 차이지만 입구가 작년보다 넓어 드나드는 것이 수월하고 둥지를 빠져나오다 뚝뚝 떨어지는 모습은 훨씬 줄었습니다. 이번 은단풍은 작년과 달리 둥지에서 밖으로 나가는 방향으로 기울어져 있지 않고 곧게 서 있는 것도 한몫했을 것입니다.

둥지가 완성되고 알 낳기가 시작되기 전의 시간에 정말 고맙게도 나의 눈이 닿을 수 있는 곳에서 짝짓기 모습을 2번이나 보여주었습니다. 한 번은 둥지를 튼 나무 바로 옆에 있는 또 다른 은단풍에서 이루어졌으나 가까운 거리임에도 가지에 가려 눈으로만 담아야 했습니다. 두 번째는 동쪽 숲 소나무에서 이루어졌는데 거리는 멀었지만 눈으로도 사진으로도 담을 수 있었습니다.

둥지가 완전히 완성되고 이어진 알 낳기는 약 일주일에 걸쳐 진행되었고, 알 낳

기가 끝나고 본격적으로 알을 품기 시작한 지 2주일 정도가 지났을 때 부화가 일어 났습니다. 수컷은 둥지를 짓는 시기부터 부화가 일어날 때까지 암컷에게 먹이를 전해주는 일을 잊지 않았습니다.

둥지에서 새로운 생명이 탄생하고 며칠이 지나자 그동안 둥지만 지켰던 암컷도 먹이를 나르기 시작하며 협업의 형태를 바꾸었습니다. 먹이를 나르기 시작한 지 3주

← 짝짓기는 먼저 수컷이 암컷에게 접근하여 구애 춤을 추는 것으로 시작합니다. 몸을 좌우로 흔들며 날개를 폈다 접었다 하는 동작입니다. 암컷이 수컷의 마음을 받아들이게 되면 암컷도 구애 춤에 동참하고 수컷이 암컷의 등 위로 올라감으로써 짝짓기가 이루어집니다.

가 지난 5월 중순의 어느 맑은 날 오후 동고비 어린 새는 둥지를 떠났습니다. 이번에는 8마리가 아니라 7마리였습니다. 7마리의 어린 새가 둥지를 떠나는 데에는 20분이 채 걸리지 않았고, 첫째가 둥지를 떠나기 전에는 역시 3번이나 둥지를 나섰다 다시 들어가는 일이 있었습니다.

↑ 동고비의 둥지가 거의 완성되었습니다.

↑ 암컷은 진흙을 붙이고 다지느라 부리가 닳아 뭉뚝해져 있고, 경계만 서는 수컷의 부리는 뾰족합니다.

↑ 진흙을 구하기 위해 둥지를 나
선 뒤 계곡으로 향하고 있습니다.

→ 완성된 둥지를 동고비 수컷이
지키고 있습니다.

← 어린 새들이 둥지 밖으로 고개를 내밀 즈음이 되자 동고비가 구해 오는 먹이도 상당히 커집니다.

↓ 어린 새의 배설물을 물어 나오고 있습니다.

← 어린 새가 스스로 둥지 밖으로 고개를 내밀고 먹이를 보채고 있습니다.

↑ 부모 새가 열심히 먹이를 나른 덕분에 어린 새는 하루에도 아침과 저녁의 모습이 달라 보일 만큼 쑥쑥 자랍니다.

→ 맑은 날이든 궂은 날이든 부모 새는 먹이를 나르느라 분주합니다.

↑ 어린 새가 둥지를 떠나 세상에 첫 발을 내딛기 시작합니다.

↓ 둥지 입구에서 바로 날아가는 어린 새가 있고 나무를 타고 위로 한참 올라간 뒤 날아가는 어린 새도 있습니다.

↑ 어린 새가 꼬리를 잇듯 둥지를 빠져나옵니다.

→ 거친 세상을 향한 첫 도전은 날개를 펼치고 둥지를 떠나는 비상입니다.

12번째 은단풍 둥지는 동고비가 둥지를 떠난 지 5일을 버티지 못하고 무너졌습니다. 동고비의 둥지가 있었던 것은 지어서 있었던 것이 아니라 짓고 지켜서 있었던 것입니다. 지키지 않으면 잃게 되는 것은 어쩔 수 없는 자연의 이치입니다.

나는 다시 빈 둥지를 바라보고 있습니다. 빈 둥지를 바라보는 것도 이제는 내 삶의 일부가 되었나 봅니다.

← 둥지는 동고비 가족이 떠난 지 5일을 버티지 못하고 무너졌습니다. 지키지 않으면 무너집니다.